建筑工程项目管理标准化丛书

建筑机械管理标准化

兰州市建筑业联合会　组织编写

杨　荣　张　扬　张鹏海　刘智勇　万　超　　主编

U0172503

中国建筑工业出版社

图书在版编目（CIP）数据

建筑机械管理标准化 / 兰州市建筑业联合会组织编写；杨荣等主编. — 北京：中国建筑工业出版社，2022.1（2022.9重印）
（建筑工程项目管理标准化丛书）
ISBN 978-7-112-26910-5

Ⅰ. ①建… Ⅱ. ①兰… ②杨… Ⅲ. ①建筑机械-设备管理-标准化管理 Ⅳ. ①TU6

中国版本图书馆 CIP 数据核字（2021）第 248830 号

本书以国家和建筑施工行业的现行规范、规程、施工机械检测要求为依据，旨在指导现场设备管理标准化施工，持之以恒推动设备监管治本行动，提升安全治理能力，建立系统平稳运行长效机制，为行业高质量发展提供坚实支撑。

全书共 9 章：总则、人员配备标准化、塔式起重机标准化管理、施工升降机标准化管理、汽车起重机与履带起重机、混凝土运送设备（机械）、电动吊篮、常用中小型机具、常见土石方机械。内容实用，指导性强。

责任编辑：范业庶
策划编辑：沈文帅
责任校对：党　蕾

建筑工程项目管理标准化丛书
建筑机械管理标准化
兰州市建筑业联合会　组织编写
杨荣　张扬　张鹏海　刘智勇　万超　　主编

*

中国建筑工业出版社出版、发行(北京海淀三里河路9号)
各地新华书店、建筑书店经销
北京鸿文瀚海文化传媒有限公司制版
北京建筑工业印刷厂印刷

*

开本：787毫米×1092毫米　1/16　印张：10¾　字数：254千字
2022年6月第一版　　2022年9月第二次印刷
定价：45.00元
ISBN 978-7-112-26910-5
(38694)

丛书编写委员会

编委会主任：赵　强　冯勇慧　范效彩　汪　军

编委会副主任：李　明　刘建军

编写总策划：安永胜

主　编　单　位：

中建三局集团有限公司西北分公司

中建五局第三建设有限公司

中国建筑第八工程局有限公司西北公司

甘肃第四建设集团有限责任公司

甘肃第六建设集团股份有限公司

甘肃第七建设集团股份有限公司

甘肃伊真建设集团有限公司

甘肃华成建筑安装工程有限责任公司

参　编　单　位：

甘肃安居建设工程集团有限公司

甘肃金恒建设有限公司

编　写　人　员：

安永胜　汪　军　刘建军　王　乾

李　明　刘怀良　米万东　林景祥

周苗兰　罗　宁　杨　荣　万　超

张　扬　刘智勇　张鹏海

审 核 人 员：

杨雪萍　　滕兆琴　　常自昌　　冯建民

张敬仲　　哈晓春　　宋小春　　滕映伟

吴小燕　　司拴牢　　鲁相俊　　刘广建

吴富明　　满吉昌　　肖　军

丛书前言

建设项目是施工企业的窗口，工程项目管理标准化是企业管理和争优创效的重要环节。在兰州市建筑业联合会组织的各类优秀项目观摩学习中，我们看到各施工企业都在学标准、建标准、用标准，努力实现项目管理标准化，提升地区建筑施工管理能力，成为我们编写标准化丛书的动力。

工程项目管理标准化是用标准化的规则把项目管理的成功做法和经验，在工程质量管理及细部节点做法、安全文明施工、作业机械、技术资料等方面实现由粗放式向制度化、规范化、标准化方式转变；成为企业扩大生产，规范运作的有力推手。达到完善企业质量安全管理体系，规范企业质量安全行为，落实企业主体责任，提高工程管理水平。

工程项目管理标准化在项目管理过程中具体表现为：**管理制度标准化、人员配备标准化、现场管理标准化、过程控制标准化。是目前和今后一段时间企业管理的主题。**纵观兰州地区各施工企业标准化的实施还是良莠不齐，或者只是某个方面某个环节在开展，没有形成配套的标准化。本标准化丛书的编写，对兰州地区建设施工项目管理具有重要的贡献，为会员单位提供了现场作业的具体标准、为施工管理人员提供了工作指南，对促进、规范、提升企业管理层次和发展有着重要的意义。

工程项目管理标准化，可以将复杂的问题程序化，模糊的问题具体化，分散的问题集成化，成功的方法重复化，实现工程建设各阶段项目管理工作的有机衔接，整体提高项目管理水平，为又好又快实施大规模建设任务提供保障。还可以通过总结项目管理中的成功经验和做法，有利于不断丰富和创新项目管理方法和企业管理水平。

工程项目管理标准化，可以对项目管理的成功经验进行最大范围内的复制和推广，搭建起项目管理的资源共享平台，可以在每个管理模块内制定相对固定统一的现场管理制度、人员配备标准、现场管理规范和过程控制要求等，最大限度地节约管理资源，减少管理成本。可以推行统一的作业标准和施工工艺，有效避免施工过程中的质量通病和安全死角，为建设精品工程和安全工程提供保障。

工程项目管理标准化，可以对项目管理中的各种制约因素进行预前规划和防控，有效减少各种风险，避免重蹈覆辙，可以建立标准的岗位责任制和目标考核机制，便于对员工进行统一的绩效考量。

前言

随着甘肃省基本建设规模的不断扩大，建筑工程施工机械化程度日益提高，建筑工程机械已经广泛地应用于城市建设、交通运输、国防建设等各类施工现场中。

将机械设备合理地运用在工程中，不仅能够有效降低工作人员工作强度，提升工程整体建设效率，而且能够保障工程质量，最大限度地减少人工失误。但机械设备操作程序复杂，保养环节较多，如果不加强对设备的管理，可能会引发设备故障，从而造成工程经济损失及安全事故发生。各施工企业应加强机械设备维修养护工作的重视程度，制定出规范的设备管理标准，培养高素质机械设备操作人员，提升管理人员整体素质，科学地使用机械设备，延长设备的使用年限，为企业节约成本，避免设备安全事故发生。

机械设备管理单位必须实行"两定三包"制度（定人、定机，包使用、包保管、包保养），操作人员要相对稳定。机械操作人员要做到三懂（懂构造、懂原理、懂性能）四会（会使用、会保养、会检查、会排除故障），正确地使用机械，按规定进行保养，严格执行安全技术操作规程。凡使用机械均应有专人负责保管，多人操作的大型机械应实行机长负责制，小型机具可由专人兼管数台。机械操作人员必须坚守岗位，确保机械正常运行。严禁野蛮使用和"带病作业"。机械设备的管理是一个复杂的综合性课题，在建筑施工的过程中不仅要做好设备的管、用、养、修等工作，还必须做到领导重视，各级机械管理人员、操作人员、维修人员之间责任明确、有章可循、有据可查、记录清晰等。

针对房建项目建设过程常见、常用机械设备的日常管理，本书以国家和建筑施工行业的现行规范、规程、施工机械检测要求及相关文件为依据，综合国内成熟、大型施工企业对建筑施工机械现场管理的经验，对加强常见施工机械设备管理及充分发挥其生产效能提供了良好的参考。

全书由9个章节组成：第1章：总则；第2章：人员配备标准化；第3章：塔式起重机标准化管理；第4章：施工升降机标准化管理；第5章：汽车起重机与履带起重机；第6章：混凝土运送设备（机械）；第7章：电动吊篮；第8章：常用中小型机具；第9章：常见土石方机械。

由于时间仓促和编者水平的限制，本书难免有遗漏和欠妥之处，恳请大家多提宝贵意见，以便今后修订。让我们勠力同心，为实现建筑机械设备标准化运行和充分发展，践行人民对美好生活的向往而砥砺前行！

目录

1 总 则

>>>

1.1 目的

建筑施工机械标准化管理是施工企业重要的安全管理措施，能够减少和避免施工机械类安全事故，提高建筑工程施工机械管理及设备操作水平，规范机械安全作业行为，指导现场一线操作人员规范作业，并为机械监管人员提供依据及参考。

要求机械管理人员掌握各类建筑机械的型号和参数分类、构造、安全装置、过程管控要点、安全检查要点、紧急情况处理、安全技术交底及验收标准。

在《甘肃省建筑工程起重机械安全监督管理规定》的基础上，增加了优秀机械租赁企业的做法，力争使本书内容引领省内各工程建设项目的机械标准化管理。

1.2 编制依据

《建筑机械使用安全技术规程》JGJ 33—2012；

《塔式起重机安全规程》GB 5144—2006；

《建筑施工塔式起重机安装、使用、拆卸安全技术规程》JGJ 196—2010；

《塔式起重机》GB/T 5031—2019；

《施工升降机安全规程》GB 10055—2007；

《吊笼有垂直导向的人货两用施工升降机》GB 26557—2011；

《汽车起重机安全操作规程》DL/T 5250—2010；

《施工现场机械设备检查技术规范》JGJ 160—2016；

《高处作业吊篮安装、拆卸、使用技术规程》JB/T 11699—2013；

《高处作业吊篮》GB/T 19155—2017；

《建筑施工机械与设备 钢筋加工机械 安全要求》GB/T 38176—2019；

《建筑施工机械与设备 履带式强夯机安全要求》GB/T 37465—2019；

《建筑施工机械与设备 混凝土和砂浆制备机械与设备安全要求》GB/T 37168—2018；

《振动压路机》GB/T 8511—2018；

《土方机械 步履式液压挖掘机》GB/T 37904—2019；

《建筑起重机械安全监督管理规定》（建设部令第 166 号）；

《住房城乡建设部关于印发工程质量安全手册（试行）的通知》（建质〔2018〕95号）；

《危险性较大的分部分项工程安全管理规定》（住房和城乡建设部令第 37 号）；

《住房城乡建设部办公厅关于实施〈危险性较大的分部分项工程安全管理规定〉有关问题的通知》（建办质〔2018〕31号）；

《建筑施工升降机安装、使用、拆卸安全技术规程》JGJ 215—2010；

《建筑起重机械安全评估技术规程》JGJ/T 189—2009；

《施工现场临时用电安全技术规范》JGJ 46—2005；

《建筑施工扣件式钢管脚手架安全技术规范》JGJ 130—2011；

《住房城乡建设部关于印发〈建筑施工特种作业人员管理规定〉的通知》（建质〔2008〕75号）；

《钢丝绳吊索 使用和维护》GB/T 39480—2020。

1.3 适用范围

适用于房屋建筑工程施工。

2 人员配备标准化

>>>

2.1 施工机械管理体系

各单位视机制建立二级或三级施工机械安全管理体系（图 2.1-1），包括集团公司和二级公司（租赁和机械公司）。要求各级部门配备专职人员进行监督管理，按管理体系由上而下进行监督指导服务。

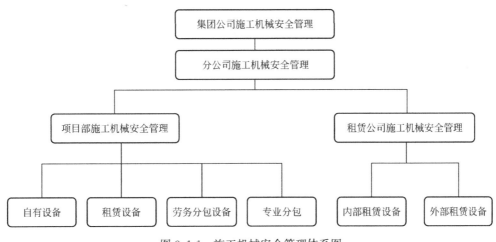

图 2.1-1 施工机械安全管理体系图

2.2 人员设置配备

（1）为确保施工机械安全管理系统化，施工机械安全管理体系应设置专职机械工程师或专业管理人员。

（2）集团公司机关应配备专职机械工程师，全面负责集团公司机械安全管理。

（3）分公司机关必须配备至少 1 名机械工程师或由租赁公司明确具体负责人员，主管本单位施工现场机械安全管理工作。

（4）项目部必须配备持证上岗的机械员。其中合同金额超过 3 亿元的项目部必须成立设备管理机构。对于有钢结构安装、特大型设备等直接影响工期、质量、安全的项目，设立负责设备管理的副经理岗位。

（5）租赁公司必须设置安全管理机构，并配备专职设备安全管理人员，定期对设备进行检查、设备安装拆卸等关键工序实施过程控制。

（6）设备租赁公司、劳务分包单位、专业分包单位、甲方指定的分包单位应根据设备的数量、特点，配备专职或兼职人员，负责管理本单位施工范围内施工机械安全管理工作，纳入项目部设备安全管理体系。

（7）设备操作人员必须按照国家行业以及地方要求取得相应的资格。所有作业人员要做到持证上岗。大型设备要建立岗位责任制及交接班制度。

2.3 各级管理机构及岗位职责

2.3.1 集团公司职能部门机械管理职责

1. 机械管理部门职责

（1）根据国家、行业和上级主管部门关于施工机械安全管理的法规、条例，建立完善集团公司施工机械安全管理体系，制定集团公司施工机械管理办法。不断规范机械安全管理流程，推进施工机械安全的标准化管理。

（2）掌握机械设备构造原理及性能，掌握集团公司大型施工设备动态管理状况，对设备使用提供技术服务。

（3）不定期深入分公司及项目部对施工机械安全管理体系和现状进行督查和指导服务。分析、总结工程机械安全管理及业内存在的问题，督促项目部制定整改措施并进行跟踪检验。

（4）督促、检查、指导分公司机械安全管理范围内的安全生产工作，及时解决安全生产中发现的问题。

（5）探索施工机械安全管理新途径，创新施工机械安全管理新手段，积极推广新技术、新设备，以先进的技术和精良的装备促进施工生产安全。

（6）对发生的机械故障进行调查、分析，严格按照"四不放过"原则进行处理，跟踪落实整改方案。做好机械安全事故的确认、分析，督促做好整改工作。

（7）协助做好工程信用评价工作，并负责落实机械安全管理方面的工作。

2. 工程技术部机械管理职责

（1）负责对集团公司机械设备资产管理，贯彻执行国家和集团公司有关机械设备管理的法律法规和各种规章制度，编制集团公司机械设备管理的制度和办法，并组织实施。

（2）参与机械设备的投资管理，监督、指导分公司机械设备的采购，编制集团机械设备的采购计划和配置方案。维护机械设备合格供方名录，研究机械设备投融资制度及操作程序，拓宽设备更新改造渠道。

（3）编制机械设备报废鉴定工作程序和标准，指导、监督、抽查工作流程执行情况，按权限对机械设备报废情况进行审批。

（4）动态抽查分公司机械设备资产管理和技术管理规范情况，检查机械设备租赁管理规章制度实施情况，并督促调整、改进。

（5）建立施工机械信息共享管理平台、机械设备租赁管理平台，推动区域租赁。

（6）参加重大机械事故的调查、分析与处理。

2.3.2 分公司机械管理职责

1. 机械主管部门及管理人员职责

（1）贯彻执行国家、行业、地方政府和集团公司有关施工机械设备管理的各项标准、规范、文件、规定、制度，并根据本单位实际情况梳理管理流程，制定施工设备的安全管理制度。组织推广设备管理先进经验和维修新技术，并向集团公司机械管理部门推荐。

（2）建立机械设备技术档案和台账，掌握公司机械设备的数量、质量、性能、动态、生产能力、技术状况，搞好固定资产的安全管理，保证机械的安全运转，同时为机械的安全使用和领导决策提供分析数据。

（3）负责公司机械设备安全管理，编制机械保养及大中修计划，并负责组织实施，保证机械处于良好的技术状态。协调和解决各项目机械设备的管、用、养、修、算工作。

（4）负责组织对大型施工机械设备安装、拆除方案审核及论证。负责监管大型施工机械设备检验、检测及验收。

（5）监督、检查、指导、服务项目部机械管理工作，严格按照机械管理标准化的文件要求以及设备验收流程的规定执行。组织公司机械设备安全检查和评比活动，及时发现问题，消除隐患。制止违章指挥、违章操作、违反劳动纪律和无知蛮干等不安全行为。

（6）协同教育培训部门对机械设备管理、使用、维修人员进行安全技术培训和考核工作，不断提高机械管理人员和操作人员素质。

（7）按照"四不放过"的原则组织机械事故的调查、分析与处理，提出处理意见、防范措施，并及时上报。

（8）根据分公司战略发展需求制定装备规划，主导或主持大型设备购置的市场调研、选型及相应权限的设备招标采购工作。

2. 机械租赁公司及管理人员职责

（1）机械租赁公司是集团公司机械管理职能的延伸，要切实履行好机械设备的管理职能，认真做好本单位的机械租赁工作。

（2）贯彻执行国家和上级颁发的机械管理制度、规程、标准、办法等，并结合本单位的实际情况补充实施细则。

（3）负责机械安全技术资料和各种基础资料的收集、积累、分析、保管、上报工作。

（4）编制机械的各级保养及大中修计划，并负责组织实施，保证机械处于良好的技术状态，确保安全生产。

（5）负责组织机械系统各类人员的安全技术业务学习，并配合有关部门做好技术人员及机械技工的安全技术培训考核工作。

（6）按照"四不放过"的原则组织进行机械事故的调查、分析与处理，提出处理意见、防范措施，并及时上报。

（7）负责所租出机械设备安全检查工作和评比活动，及时发现问题，消除隐患；制止违章指挥、违章操作、违反劳动纪律和无知蛮干等不安全行为。

3. 机械管理部室及人员职责

（1）项目经理对机械设备安全管理负总责，是项目部施工机械设备安全管理的第一责任人。

（2）认真贯彻执行国家、行业和上级有关施工机械设备安全管理法律法规以及各项管理办法，负责制定项目部机械设备安全管理，并组织实施。

（3）负责本部室生产活动的危害因素辨识，并传递至项目施工技术部。参加项目危害因素评价和控制措施的制定。

（4）负责组织项目部施工现场所有施工机械设备使用前的验收、监督检查、日常保养及维修等管理工作。贯彻执行机械安全操作规定，做到定机、定人管理。

（5）机械操作人员必须持有效证件，无操作证严禁操作机械。作业前要进行分专业、分工种的培训、教育、考试，考试合格后，对其进行安全技术交底后方可上岗作业。

（6）负责设备操作人员证件的审核及施工方案编制上报工作，实施完毕后进行验收。在施工机械作业范围内设置明显的安全警示标志，对集中作业区督促有关部门做好安全防护。

（7）对施工现场的塔式起重机、施工升降机、物料提升机等大型设备安拆过程及起重吊装作业进行旁站监督，及时检查和纠正违章。

（8）根据不同施工阶段、周边环境以及季节、气候的变化，对机械设备采取相应的安全防护措施，避免施工机械设备事故，实现本质安全。

（9）定期进行机械设备安全检查，发现隐患及时整改落实。做好维修保养、交接班记录等管理工作，经常教育和检查操作人员遵章守纪情况，参与机械事故的调查处理工作。

4. 机械设备操作人员职责

（1）机械操作人员须经过培训，考试合格后发放机械操作证；特种作业人员必须持有效证件，无操作证严禁操作机械。作业前要进行分专业、分工种的培训、教育、考试，考试合格后，由设备管理人员会同安全管理人员对其进行安全技术交底后方可上岗作业。

（2）设备操作人员操作机械必须实行"两定三包"制度（定人、定机，包使用、包保管、包保养），操作人员要相对稳定。

（3）设备操作人员要做到四懂（懂原理、懂构造、懂性能、懂用途）四会（会使用、会保养、会检查、会排除故障）。正确地使用机械，按规定进行保养，严格执行安全技术操作规程。

（4）凡使用机械均应有专人负责保管，大型机械应实行机长负责制，小型机械可设专人兼管数台。机械操作人员必须坚守岗位，确保机械正常运行。严禁野蛮使用和"带病作业"。

（5）交接班制度是保证机械正常运转的基本制度，必须严格执行。交接班制度由值班司机执行，机组除执行岗位交接外，值班人或机长应进行全面交接并填写机械运转记录和交班记录。

（6）一般作业的机械不进行交接，应做好机械的清洁养护和整备工作，填写运转记录。

3 塔式起重机标准化管理

>>>

3.1 塔式起重机概述

塔式起重机是一种塔身直立，起重臂和平衡臂铰接在塔帽下面，能够360°回转的起重机，具有起升高度大、变幅半径长、回转角度广、工作效率高、操作方便、运转可靠等特点，它是建筑行业不可缺少的起重设备。

3.2 型号和参数分类

3.2.1 型号分类

（1）按臂架结构方式分为小车变幅式塔式起重机和动臂变幅式塔式起重机。

小车变幅式塔式起重机的起重臂固定在水平位置，通过小车在起重臂上行走来实现变幅动作，具有变幅迅速、幅度大等特点。

动臂变幅式塔式起重机的吊钩滑轮组的定滑轮固定在吊臂端部，起重机变幅机构由改变起重臂的仰角来实现，可以充分发挥起重高度。

（2）按升高方式分为附着式塔式起重机和爬升式塔式起重机。

附着式塔式起重机安装在建筑物一侧，底座固定在专门的基础上，随着塔身自行加节升高，每间隔一定高度用专用杆件将塔身与建筑物相连，依附在建筑物上来保证塔式起重机的稳定性；附着式塔式起重机是我国目前应用最广泛的一种安装形式，具有安拆操作简单，对建筑物形式要求较低等优点。

爬升式塔式起重机分为内爬式和外爬式，内爬式塔式起重机一般安装在建筑物核心筒内，随建筑物升高依靠塔式起重机自身爬升机构，使整机沿核心筒内部往上爬升；外爬式塔式起重机敷设在建筑物外侧，同样随建筑物升高，依靠塔式起重机自身爬升机构，使整机沿建筑物外侧往上爬升；爬升式塔式起重机主要应用于超高层建筑施工，塔身高度固定，塔式起重机自重较轻，在塔式起重机起升卷筒容绳量内，其爬升高度不受限制；但塔式起重机全部重量靠建筑物支撑，所有建筑结构需做局部加强处理；在拆除时需用特设的屋面起重机或辅助起重设备将塔式起重机进行解体。

（3）按有无塔尖的结构分为锤头式塔式起重机和平头式塔式起重机。与塔头式塔式起重机相比，平头式塔式起重机具有安装拆卸简单，高低塔错位容易等优势。

3.2.2 参数分类

1. 规格型号

依据《土方机械 产品型号编制方法》JB/T 9725—2014，塔式起重机型号由制造商代码、产品类型代码、主参数代码、变型（或更新）代码等构成。型号说明如图 3.2-1 所示。

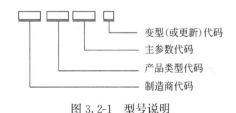

变型（或更新）代码
主参数代码
产品类型代码
制造商代码

图 3.2-1 型号说明

如 QTZ80B，表示额定起重力矩为 800kN·m 的自升式塔式起重机，变型（或更新）代码为 B。

2. 其他编制方法

塔式起重机厂家根据国外标准，用塔式起重机最大臂长（m）与起重臂尖端额定最大起重量（kN）两个主要参数来表示塔式起重机型号。

如 QTZ100A，QTZ—公称起重力矩 kN·m，Q—起重机，T—塔式起重机，Z—自升式，100—额定起重力矩，起重量与相应幅度的乘积为起重力矩，用 TM 表示，TM＝（幅度×起重量）max，1t·m＝10kN·m。

3.3 构造

锤头式塔式起重机由起升机构、变幅机构、回转机构、顶升机构、吊臂、平衡臂、塔帽、平衡重、变幅小车、套架、塔身标准节等组成，如图 3.3-1 所示。

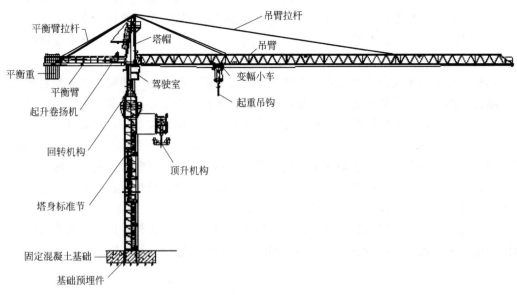

图 3.3-1 锤头式塔式起重机组成图

平头式塔式起重机由起升机构、变幅机构、回转机构、顶升机构、吊臂、平衡臂、平衡重、变幅小车、套架、塔身标准节等组成，如图 3.3-2 所示。

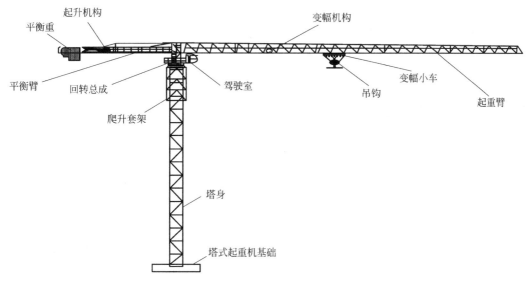

图 3.3-2　平头式塔式起重机组成图

动臂式塔式起重机由起升机构、变幅机构、回转机构、顶升机构、吊臂、平衡臂、塔帽、平衡重、变幅小车、套架、塔身标准节等组成，如图 3.3-3 所示。

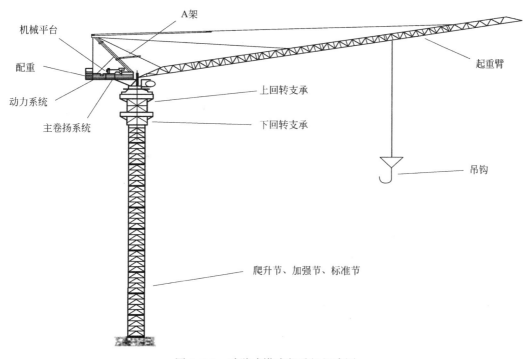

图 3.3-3　动臂式塔式起重机组成图

3.4 安全装置

3.4.1 起重力矩限制器

当塔式起重机的起重力矩大于相应工况下的额定值并小于额定值的110%时，应切断上升方向的电源和增大方向的电源，但机构可做下降和减小幅度方向的运动。

起重力矩限制器（图3.4-1）检查要求：

（1）起重力矩限制器灵敏可靠，综合误差不大于额定值的±5%。

（2）微动开关无锈蚀，手动按下反弹灵活。

（3）防护罩完好，标定封签。

（4）检查频次：每月检查一次。

3.4.2 起重量限制器

当起重量大于相应挡位的额定值并小于额定值的110%时，应切断上升方向的电源，但机构可做下降方向的运动。

起重量限制器（图3.4-2）检查要求：

（1）起重量限制器灵敏可靠，综合误差不大于额定值的±5%。

（2）主卷扬钢丝绳由4倍率变成2倍率时，最大额定值减半。

（3）检查频次：每月检查一次。

图3.4-1　起重力矩限制器

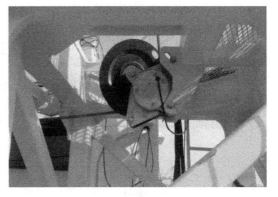

图3.4-2　起重量限制器

3.4.3 起升高度限位器

塔式起重机吊钩装置起升到规定的极限位置，应自动切断起升的动作电源。塔式起重机应安装吊钩上极限位置的起升高度限位器。

起升高度限位器（图3.4-3）应满足《塔式起重机安全规程》GB 5144—2006中规定：对于动臂变幅的塔式起重机，吊钩装置顶部至臂架下端的极限距离应为800mm；对于上回转的小车变幅的塔式起重机，吊钩装置顶部至小车架下端的极限距离应为800mm，对小车变幅塔式起重机，吊钩装置顶部至小车架下端的最小距离根据塔式起重机型号及钢丝绳倍率而定。

上回转塔式起重机 2 倍率时为 1000mm，4 倍率时为 700mm；下回转塔式起重机 2 倍率时为 800mm，4 倍率时为 400mm。

新款变频塔式起重机应符合下列规定（以 TC6013-6 为例）：

（1）双速：

起升钢丝绳的倍率为 2 倍率时，减速距离为 8m，停止距离为 3m；起升钢丝绳的倍率为 4 倍率时，减速距离为 6m，停止距离为 2m。

图 3.4-3 起升高度限位器

（2）变频：

起升钢丝绳的倍率为 2 倍率时，减速距离为 12m，停止距离为 3m；起升钢丝绳的倍率为 4 倍率时，减速距离为 8m，停止距离为 3m。

起升高度限位器检查要求：

（1）起升高度限位器灵敏可靠，当吊钩装置顶部升至起重臂下端的最小距离为 800mm 处时，应能立即停止起升运动。

（2）钢丝绳排列整齐，润滑良好，无断股现象，防脱槽装置完好。

（3）检查频次：每月检查一次。

3.4.4　变幅限位器

对动臂变幅的塔式起重机，应设置臂架低位置和臂架高位置的幅度限位开关和防止臂架反弹后翻的装置。

小车变幅的塔式起重机，应设置小车变幅限位开关，动作后与缓冲器的距离应符合该塔式起重机说明书的要求；载重小车开到距起重臂臂尖（根）缓冲器 4.6m 处时，微动开关动作，小车只能低速向外（内）运行，载重小车以低速开至起重臂臂尖（根）缓冲器

图 3.4-4　变幅限位器

200mm 处，微动开关动作，使小车停止向外（内）移动，如图 3.4-4 所示。

变幅限位器检查要求：

（1）变幅限位器灵敏可靠，变幅限位开关动作后应保证小车停车时其端部距缓冲装置最小距离为 200mm。

（2）钢丝绳排列整齐，无断股现象，断绳保护装置完好。

（3）检查频次；每月检查一次。

3.4.5　回转限位器

在电缆处于自由状态调整回转限位器时，向左回转 540°（1.5 圈）微动开关动作，停止回转，再向右回转 1080°（3 圈）微动开关动作，停止回转。

1. 回转限位器（图 3.4-5）检查要求

（1）回转限位器灵敏可靠，回转限位开关动作时塔式起重机臂架旋转角度应不大于±540°。

（2）回转黄油充足，运行时无颤抖现象和异常声响。

（3）检查频次：每月检查一次。

2. 钢丝绳防脱槽装置（图 3.4-6）检查要求

（1）排绳轮及导线轮必须润滑良好。

（2）钢丝绳防脱槽装置与滑轮最外缘的间隙不应超过钢丝绳直径的 20%。

（3）检查频次：每月检查一次。

图 3.4-5　回转限位器　　　　　　　　图 3.4-6　钢丝绳防脱槽装置

3. 断绳保护装置（图 3.4-7）检查要求

（1）变幅机构钢丝绳在紧绳轮上至少缠绕 3 圈，且剩余钢丝绳必须从断绳保护装置上方穿出。

（2）变幅机构钢丝绳在固定侧采用楔块或者绳卡固定时，必须将绳卡固定在保护装置重力块以内，且剩余钢丝绳必须从断绳保护装置上方穿出。

（3）检查频次：每月检查一次。

图 3.4-7　断绳保护装置

3.4.6 其他安全装置

钢丝绳防断绳装置、断绳保护装置、断轴保护装置、大臂端部缓冲装置、吊钩防钢丝绳脱钩装置、障碍指示灯、风速仪、司机紧急断电开关，如图 3.4-8～图 3.4-13 所示。

图 3.4-8　断轴保护装置

图 3.4-9　大臂端部缓冲装置

图 3.4-10　吊钩防钢丝绳脱钩装置

图 3.4-11　障碍指示灯

图 3.4-12　风速仪

图 3.4-13　司机紧急断电开关

以上各装置安全可靠，每月检查一次。

3.5 塔式起重机附着

塔式起重机附着由框梁、内撑杆、附墙拉杆组成。以 TC6013 为例，一般采取两点、4 根拉杆形式。4 根拉杆锚固点用 6 套双头穿墙螺栓。

检查要求：

（1）穿墙螺杆必须两头双螺母上紧，垫片尺寸符合说明书要求。

（2）附着拉杆（图 3.5-1）与耳板（图 3.5-2）、框梁之间连接的销轴的开口销必须打开 45°～60°。

（3）附着拉杆与加固位置之间的角度不宜太大或太小，以 45°～60°较为合适。

（4）附着拉架和锚固点的水平夹角应不超过±10°。

（5）每次附着安装后必须进行验收。如果附着锚固点在墙体上，应尽量靠近梁、柱节点，附着点应设置在钢筋加密区，并经常检查墙体表面是否有拉裂现象。

（6）附着拉杆的调节丝杆（图3.5-3）两端长度均匀，锁母须顶到两端。

（7）最高附着锚固点以上塔身自由端高度符合说明书要求。

（8）每次附着验收时须监测塔式起重机垂直度是否符合最高附着点以上塔身轴心线对支承面的垂直度≤4/1000，最高附着点以下塔身轴心线对支承面的垂直度≤2/1000要求。

检查频次：每次附着安装后立即验收，验收合格后每月定期检查一次，最高附着螺栓松紧情况每周检查一次。

图3.5-1　附着拉杆　　　　　图3.5-2　耳板　　　　　图3.5-3　调节丝杆

3.6　塔式起重机标准节

塔式起重机标准节连接方式一般为螺栓连接或销轴连接，如图3.6-1所示、图3.6-2所示，以TC6013为例，其连接方式为螺栓连接。

图3.6-1　螺栓连接

1. 螺栓连接检查要求

（1）螺栓紧固、无松动。

（2）双螺母、垫片齐全。

（3）螺杆应朝上穿设。

（4）检查频次：新塔式起重机每周检查两次，旧塔式起重机每周检查一次。

图 3.6-2 销轴连接

2. 销轴连接检查要求

（1）销轴完全穿入。

（2）开口销齐全、严禁用钢筋代替。

（3）开口销须打开，角度达到 $45°\sim60°$。

（4）检查频次：每半月检查一次。

3.7 塔式起重机钢丝绳

（1）塔式起重机钢丝绳类型：

起升机构钢丝绳，常用型号：35×7-13-1770，如图 3.7-1 所示；变幅机构钢丝绳，常用型号：6×19-7.7-1550，如图 3.7-2 所示；吊钩钢丝绳，如图 3.7-3 所示。

图 3.7-1 起升机构钢丝绳

图 3.7-2 变幅机构钢丝绳

图 3.7-3 吊钩钢丝绳

（2）钢丝绳检查要求：

1）起升机构钢丝绳排列整齐、润滑充足。

2）钢丝绳无断股、内部无腐蚀现象，否则报废处理。

3）钢丝绳直径减少量不超过 7%，否则报废处理。

4）钢丝绳不得严重变形，否则报废处理。钢丝绳变形类型示意图如图 3.7-4 所示。

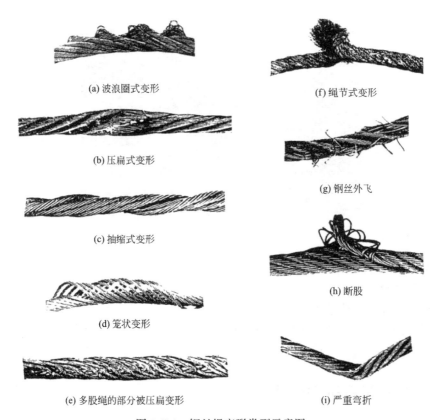

(a) 波浪圈式变形

(f) 绳节式变形

(b) 压扁式变形

(g) 钢丝外飞

(c) 抽缩式变形

(d) 笼状变形

(h) 断股

(e) 多股绳的部分被压扁变形

(i) 严重弯折

图 3.7-4　钢丝绳变形类型示意图

（3）钢丝绳断丝起毛检查方法：

由于钢丝绳上涂有润滑油，表面断丝不易观察，可拿一根木方在钢丝绳表面来回滑动，看是否顺畅。

3.8　塔式起重机防护

塔式起重机防护包括：树脂绝缘夹具、定型化司机过道、安全操作平台，如图 3.8-1～图 3.8-3 所示。

图 3.8-1　树脂绝缘夹具　　　图 3.8-2　定型化司机过道　　　图 3.8-3　安全操作平台

3.9 塔式起重机的方案管理

3.9.1 基础管理

根据项目施工组织设计对塔式起重机进行选型配置,项目机械工程师配合项目相关部门做好设备平面布置,塔式起重机定位应考虑设备基础要求、覆盖区域、周边环境、材料堆场距离、能否顺利附着、拆除是否方便等诸多因素。

项目技术部门根据所选设备型号及设备说明书确定设备基础基本参数,如尺寸、与建筑物的距离、配筋情况、混凝土要求、设备自重、承载力等,并编制基础施工方案,施工方案需报分公司相关部门进行审核审批,审批完成后项目机械工程师配合现场责任工程师根据技术部门编制的基础方案进行施工。为了保证施工的质量,机械工程师必须对基础施工进行旁站监督,确保满足方案要求,项目测量人员配合对基础平整度进行测量。

3.9.2 安装(拆卸)方案的确定

编制依据:
(1)施工现场的平面布置及施工图纸。
(2)塔式起重机的安装位置及周围环境。
(3)塔式起重机使用说明书。
(4)《建筑施工塔式起重机安装、使用、拆卸安全技术规程》JGJ 196—2010及相关国家标准。

3.9.3 方案的确定

安拆单位根据塔式起重机的安装位置及周围环境,结合塔式起重机的使用说明书和相关规范编制切实可行的专项安拆施工方案,由安拆单位技术负责人审批后报项目部进行审核审批,项目部根据施工规模和类别上报分公司或公司,由分公司或者公司技术总工审批通过后实施。

3.9.4 安装(拆卸)方案的组成

(1)塔式起重机安装专项方案应包括以下内容:

工程概况;安装位置平面和立面图;所选用的塔式起重机型号及性能技术参数;基础和附着的设置;爬升工况及附着节点详图;安装顺序和安全质量要求;主要安装部件的重量和调吊点位置;安装辅助设备的型号、性能及占位图;电源的设置;施工人员配置;吊索具和专用工具的配备;安装工艺程序;限位装置及安全装置的调试;重大危险源和安全技术措施;应急预案等。

(2)拆卸专项方案应包括以下内容:

工程概况;拆除时的平面和立面图;拆卸顺序;主要安装部件的重量和调吊点位置;辅助设备的型号、性能及占位图;电源的设置;施工人员配置;吊索具和专用工具的配备;重大危险源和安全技术措施;应急预案等。

3.10 塔式起重机的基础制作

塔式起重机基础必须能承受塔式起重机在工作状态或非工作状态下的最大载荷及抗倾翻稳定性的要求。

3.10.1 基础与钢筋

(1) 基础施工前应对基础位置进行地质勘察,并出具地质勘察报告,避免基础下方有古墓、空洞等影响基础承载力的情况发生。

(2) 铺设钢筋前应仔细检查开挖基槽的尺寸和定位是否满足说明书要求,垫层是否按要求施工。

(3) 钢筋的材质、规格、排列应符合钢筋配置图的规定;当基础增大时,钢筋应随之增长,钢筋保护层应满足要求;钢筋必须绑扎牢固,不得跳绑。

3.10.2 地脚螺栓/预埋件

螺栓的材质及强度级别应符合说明书要求,螺栓与预埋件应为原厂制作。

1. 螺栓的预埋

(1) 将螺栓与基础施工模具连接,预埋螺栓。

(2) 螺栓底部及侧面应使用钢筋进行焊接固定,防止混凝土浇筑时倾斜移位,螺栓底部弯钩处宜采用横向钢筋进行固定,以增加受力。

(3) 螺栓外露于混凝土表面的长度,应保证塔式起重机基础节安装能装上两个螺母,螺栓外露3个丝扣以上。

(4) 预埋支腿的埋设,同样用基础施工模具连接,用钢筋框架垂直固定,上、下端与基础钢筋相连接,以免混凝土振捣时偏斜移位。

2. 基础浇筑后螺栓位置超差的处理

(1) 一般的矫正可用千斤顶或手动葫芦进行冷矫正,或用氧气乙炔加热煨弯进行热矫正。

(2) 当所需处理的螺栓数量较多时,必须查清原因制定处理方案,可采取补救措施,如增加适当压重,提前设置附着,降低塔式起重机使用自由高度,减小起重力矩限制器的调定值等措施;但所采取的措施必须经上级技术主管部门领导审批后实施,不得自行处理。

3.10.3 基础混凝土的浇筑及养护

混凝土基础表面平整度应符合要求,混凝土强度等级必须符合说明书要求,混凝土浇筑时应振捣密实,浇筑混凝土时应按要求制作同条件养护试块。

混凝土要有足够的养护期,强度等级达到设计强度等级的80%以上时方可进行安装作业,强度等级达到设计强度等级的100%时方可使用塔式起重机;当安装时间紧迫时,可事先采用预埋件附近钢筋加密、提高混凝土强度等级、增加混凝土早强剂等措施,并加强混凝土的养护,使塔式起重机安装时的基础强度等级符合要求。

3.10.4 其他要求

（1）塔式起重机基础周围应做好阻水、排水措施，避免基槽因受水浸泡，土壤吸水软化，承载力下降或产生坍塌、不均匀沉降，导致基础及塔式起重机失稳而倾翻；当基础顶面低于周边平面时，基础平面应设积水井以便及时排除积水。

（2）塔式起重机接地体应按照说明书和《施工现场临时用电安全技术规范》JGJ 46—2005 布置。

（3）塔式起重机安装前，项目部应组织监理单位、安装单位对基础进行验收，验收合格后方可进行塔式起重机安装。

（4）基础资料必须有地质勘察报告、验槽记录、隐蔽记录、钢筋检验报告、混凝土强度报告和接地电阻测试记录等。

（5）当塔式起重机安装在地下室结构外侧时，为避免回填土对塔身造成影响，应在塔身周边设置挡土墙作为塔身防护，如图 3.10-1、图 3.10-2 所示。

（6）挡土墙施工应编制专项施工方案并进行受力验算，可采用钢筋混凝土现浇或砖砌并设置构造柱和圈梁。

（7）挡土墙施工完成必须组织验收，确保与方案相符。

（8）回填土期间应加强挡土墙检查，发现异常立即停止回填并进行加固处理。

（9）应在基础周边设置排水措施，避免基础积水。

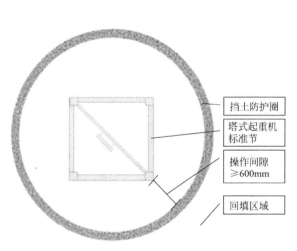

图 3.10-1 塔身防护平面图

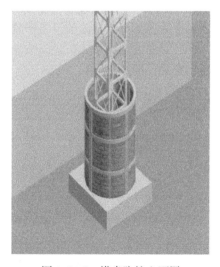

图 3.10-2 塔身防护立面图

3.11 过程管控要点（安装、拆除、过程管理）

3.11.1 安装管理（以 TC6013 塔式起重机为例）

1. 安装前准备工作

（1）按要求上报安装方案进行审批。

（2）向政府主管部门办理安装告知手续。

（3）安装前进行基础验收，确保基础定位、尺寸、平整度、混凝土强度、排水措施等符合要求，如图 3.11-1、图 3.11-2 所示。

图 3.11-1　基础混凝土强度验收　　　　图 3.11-2　基础混凝土尺寸验收

（4）道路、场地、电源等应满足安装要求。

（5）对设备零部件进行进场验收，存在超年限、结构件严重变形或锈蚀、安全装置不全等缺陷的设备严禁进入施工现场。

（6）确定附墙架与建筑物的连接方式，准备好预埋件和固定件。

（7）对安装场地作业区域进行警戒，对辅助设备进行检查验收。

（8）对进场的塔式起重机零部件进行详细验收，存在超年限、结构件严重变形或锈蚀、安全装置不全等缺陷的设备严禁进入施工现场。

（9）对安装及操作人员进行安全教育（图 3.11-3），配合安装单位对作业人员进行安全技术交底（图 3.11-4）。

图 3.11-3　安全教育　　　　　　　　图 3.11-4　安全技术交底

2. 安装塔身节过程管控要点

塔身节一般由一节固定基节和两节标准节组成，具体型号、数量以说明书为准。安装要求如下：

（1）用仪器测量塔身节垂直度，需满足说明书要求。

（2）标准节踏步与基节踏步应在同一平面且要考虑塔式起重机的降塔、拆卸。

（3）所有高强度螺栓的预紧扭矩应达到说明书要求，每根高强度螺栓均应装配 2 个垫圈和 2 个螺母,并拧紧防松。

(4) 清理标准节 4 根主弦杆的上下表面的泥土等杂物,确保接触面的平整度。

(5) 所有螺栓为了安全和检查方便,应从下往上穿。

(6) 在吊装时严禁将吊点选在水平斜腹杆上。

(7) 如基础平整度满足不了垂直度要求,需用垫块进行调平时,必须使用钢板垫实,严禁使用砂浆、模板木方、钢筋等材料进行垫实。

3. 爬升套架吊装管控要点

爬升架主要由套架结构、操作平台、液压顶升系统、爬梯、塔身节引进装置等组成,它是塔式起重机顶升安装的主要部件。吊装要求如下:

(1) 在场地允许的情况下,将爬升架在地面上组装完成后再进行安装作业。

(2) 确保油缸和塔身踏步在同一侧,引进平台在塔身踏步的对面侧,且应缓慢下降,如图 3.11-5 所示。

(3) 将活动爬爪放置在标准节踏步上,保证爬爪和踏步的接触面前后保持一致,如图 3.11-6 所示。

(4) 吊装顶升套架须用主钩四角吊。

(5) 当爬升架降落到合适位置时,将顶升横梁的爬爪放置在塔身节顶升踏步上,并插入顶升横梁防脱安全销轴。

图 3.11-5　套架吊装　　　　　　　　图 3.11-6　顶升爬爪

4. 安装过渡节管控要点

将过渡节与标准节、顶升套架连接牢靠,连接销轴的开口销必须打开,如图 3.11-7、图 3.11-8 所示。

图 3.11-7　过渡节吊装　　　　　　　　图 3.11-8　开口销打开

5. 安装回转总成管控要点

回转总成由下支座、回转支座、上支座、回转机构四部分组成。安装要求如下：

（1）在进行吊装前先检查回转支座高强度连接螺栓预紧力矩是否达到要求。

（2）将下支座连接孔与标准节和套架连接孔对准，注意下支座爬梯扶手应与标准节爬梯方向一致，缓慢下落至塔身顶部。

（3）将回转下支座与标准节连接。

（4）接通临时电源，操作液压顶升系统，将爬升架与回转下支座连接，并插入顶升横梁防脱安全销轴。

6. 安装平衡臂管控要点

（1）在地面上组装好平衡臂，将提升机构、控制柜、平衡臂拉杆等构件安装在平衡臂上并固定好。

（2）给已安装的回转机构接通临时电源，将回转支承以上部位转动至便于安装平衡臂的位置。

（3）对平衡臂所有螺栓、销轴进行检查，确保齐全可靠。

（4）吊起平衡臂，用销轴将平衡臂与塔帽连接，并缓慢抬高平衡臂至安装平衡臂拉杆的最佳位置，安装平衡臂拉杆，拉杆连接销轴开口销必须按规范要求安装，重点检查避免遗漏。

（5）吊装平衡臂时应为4个吊点，且保证减速机每侧一根绳，如图3.11-9所示。

（6）吊装后臂节总成需4根同样长度的钢丝绳，采用4个吊点，安装平衡重按说明书要求选择第一块配重重量和型号，配重缺口如图3.11-10所示。

图 3.11-9　平衡臂吊装

图 3.11-10　配重缺口

7. 安装起重臂管控要点

（1）在拼装起重臂之前，应先将载重小车套在起重臂下弦杆导轨上。

（2）起重臂组装时，按照每节臂上的序号标记组装，不允许错位或随意组装。

（3）将维修吊篮紧固在载重小车上，并使载重小车尽量靠近起重臂根部最小幅度处。

（4）穿绕载重小车钢丝绳（具体方法参考说明书），注意绳卡数量、方向及间距，且必须确保防断绳安全装置有效。

（5）根据使用需要，在起重臂合适位置安装照明大灯，应固定牢靠，且大灯任何部位不得与钢丝绳相接触。

（6）逐一检查起重臂、拉杆、载重小车各连接销轴、螺栓及开口销是否满足要求。

（7）根据使用需要，在起重臂合适位置安装照明大灯，应固定牢靠，且大灯任何部位不得与钢丝绳相接触。

（8）逐一检查起重臂、拉杆、载重小车各连接销轴、螺栓及开口销是否满足要求。

（9）采用临时固定措施将载重小车固定在起重臂根部，防止起吊起重臂时在起重臂上滑行，并在起重臂根部和端部设置缆风绳。

（10）按各节臂长组成的起重臂总成重心位置进行挂绳试吊是否平衡，在辅助设备主钩位置用卡环锁住两根吊绳，防止脱钩。标记吊装起重臂的吊点位置和载重小车位置，以便拆塔时使用，如图3.11-11、图3.11-12所示。

（11）根据所使用大臂长度，严格按说明书要求配装平衡配重；配重安装销的挡块必须紧靠配重块，安装完成平衡重后，用钢丝绳将所有配重缠绕一起固定；避免因塔式起重机工作中的晃动使平衡重跌落。

图3.11-11 变幅小车检查

图3.11-12 起重臂吊装

3.11.2 检查调试管控要点

（1）检查塔身垂直度是否满足规范要求。

（2）检查各限位装置及安全装置是否灵敏可靠，各机构是否运转正常，各处钢丝绳是否与结构件有摩擦。

（3）排除所有不正常情况后进行试运转。

3.11.3 顶升作业过程管控要点

（1）检查顶升系统油箱内油面是否符合要求。检查液压顶升系统是否正常工作，能否稳压1min以上。

（2）顶升前须空车试运行，操纵换向阀，排除系统空气，对系统压力进行校验。

（3）检查套架各运动件是否有干涩现象，调整套架滚轮间隙至2～5mm。

（4）顶升过程中所有安装人员将安全带高挂低用。

（5）必须要求专人操作油泵、专人将顶升横梁两端的销轴放入塔身节踏步的圆弧槽内并顶紧，插好防脱插销。

（6）检查主电缆长度是否满足顶升要求。

（7）按说明书要求的步骤进行顶升加节。

（8）标准节连接方式为螺栓连接时，应按说明书要求安装垫片，确定螺栓安装方向。

（9）每顶升完一节标准节，必须检查新加标准节与上一节是否固定牢靠。

（10）下支座与塔身未固定之前，严禁起重臂回转、载重小车变幅和吊装作业。

（11）顶升过程中，若液压顶升系统出现异常，应立即停止顶升，收回油缸，将下支座落在塔身顶部，并用配套螺栓将下支座与塔身连接牢靠后，再排除液压系统故障。

（12）每次顶升加节后塔身自由端高度均不得超过说明书要求。

（13）首次顶升必须试顶，过程中禁止做变幅、起升、回转动作。

（14）塔式起重机安装完成后，必须经过安装单位自检验收、第三方检测及联合验收合格后方可投入使用，顶升过程如图 3.11-13～图 3.11-16 所示。

图 3.11-13 配平

图 3.11-14 安装引进轮

图 3.11-15 油缸试顶

图 3.11-16 扁担横梁放置

3.11.4 使用过程管控要点

1. 作业人员基本要求

（1）作业人员必须持住房和城乡建设部门颁发的有效操作证件，且年龄不得超过 55 周岁。

（2）作业人员应身体健康，无影响本工作的残疾。

（3）作业人员无重大违章操作记录。

2. 作业人员安全操作规程

（1）班前检查：

1）检查最上道附着与建筑物相连处有无裂缝，穿墙螺栓是否紧固，销轴及开口销位置是否正确、有无磨损情况，调节丝杆锁母有无松动，杆件焊缝有无开裂现象。

2）检查标准节焊缝有无明显开裂，销轴有无外退现象，连接螺栓有无松动。

3）检查主卷扬钢丝绳排列是否整齐，有无断丝、断股、缺油现象。

4）检查刹车片磨损情况是否正常，刹车助推器及变速箱有无漏油现象。

5）检查载重小车滑轮、防断轴装置是否完好，起重力矩限制器开关触头有无锈死、错位现象。

6）检查控制箱开关有无跳闸，线缆有无明显过载现象。

7）检查零位开关、急停按钮、电铃是否有效。

8）空载试运行时，检查各限位装置及安全装置是否灵敏可靠，制动器是否工作正常。

9）指挥人员应对吊索具及大钩保险装置进行检查。

（2）作业注意事项：

1）班前检查一切正常后方可进行作业。

2）严禁酒后作业，工作期间不得有妨碍塔式起重机安全运行的行为。

3）群塔作业时应遵守"低塔让高塔、后塔让先塔、动塔让静塔、轻塔让重塔、客塔让主塔"的原则。

4）在做吊钩提升、小车变幅、回转等动作时，均应减速缓行到停止位置，严禁采用限位装置作为停止运行的控制开关。

5）指挥人员严禁将对讲机交与非专业操作人员进行指挥。

6）严格按照"十不吊"要求进行作业。

7）操作人员应保持驾驶室及塔式起重机平台干净整洁。

8）认真填写交接班记录。

9）作业完成后应将大钩升至限位最高处，小车收回大臂根部，释放回转制动器，起重臂顺风方向放置，使其在非工作状态下能自由旋转，切断驾驶室电源。

（3）应急处理：

1）当遇大雨、大雪、大雾、风力大于6级时，不得操作塔式起重机。

2）大雨、大雪等恶劣天气后应对安全装置进行全面检查，确认有效后方可使用。

3）当运行过程中发现异常时，应立即停机，直到排除故障后方能继续运行。

4）作业过程中遇工人不遵守使用要求时，应立即与项目机械员联系，以免冲突。

（4）塔式起重机作业"十不吊"原则：

1）被吊物体超出本机机械性能允许范围不吊。

2）吊物重量不明或超负荷不吊。

3）光线阴暗看不清不吊。

4）指挥信号不清不吊。

5）零散物件无容器、散物捆扎不牢或物料装放过满不吊。

6）吊物上站人、吊物下有人不吊。

7）吊索具不符合规定、重物边缘锋利无保护措施不吊。

8）斜牵斜拉、埋在地下的物体不吊。

9）5级以上强风不吊。

10）机械安全装置失灵或带病不吊。

3.11.5 特种作业人员管理

1. 资格审查

(1) 按照 3.11.4 中"作业人员基本要求"对新进场特种作业人员进行资格审核。

(2) 上岗前须进行体检，并出具体检报告。

(3) 建立花名册，并收集身份证、操作证件、网上查询记录及工作时的照片，制作"四证合一"并留存，如图 3.11-17 所示。

图 3.11-17　四证合一

2. 教育交底

(1) 对特种作业人员进行入场安全教育，并定期组织教育培训，每月不少于 1 次。

(2) 定期对特种作业人员进行安全技术交底，每月不得少于 2 次。

3. 人员考核

(1) 对特种作业人员进行定期考核，落实奖励机制。

(2) 将长期认真负责、表现突出的操作人员纳入优秀操作人员库，鼓励长期服务。

(3) 将经常违规操作、不遵守制度的操作人员纳入操作人员黑名单，将不再使用。

4. 人文关怀

(1) 关注作业人员心理动态，帮助他们解决工作、生活上的问题。

(2) 了解工资发放情况，及时与租赁单位沟通，确保作业人员工资按时发放。

3.11.6 检查与维修保养

1. 塔式起重机检查

(1) 项目周检：

1) 项目设备管理员每周定期对塔式起重机进行检查并留存记录。

2) 主要检查塔式起重机运行周边环境有无变化，基础有无积水、有无沉降现象，各限位装置和安全装置是否灵敏可靠，附墙和标准节连接螺栓有无松动现象。

（2）月度检查：

1）要求租赁单位每月进行不少于2次的全面检查，检查前告知项目设备管理员。

2）检查过程中关键部位留影像资料，检查完成后按检查实际情况填写《塔式起重机安全技术月度巡查表》，并签字留存。

（3）检查整改：

对于周检和月检发现的问题以书面形式下发隐患整改通知单，要求租赁单位在规定时间内整改完成，并报项目设备管理员复查。

2. 塔式起重机的维修保养

（1）严禁在塔式起重机运行中进行维修、保养作业。

（2）应按使用说明书的规定对塔式起重机进行维修、保养，由专业人员完成。

（3）保养过程中，对磨损、破坏程度超过规定的部件，应及时进行维修或更换。

（4）根据使用频率、操作环境和塔式起重机状况等因素制订维修保养计划。

（5）每次维修保养完成后，如实填写维修保养记录，对于更换核心零部件（如变速箱、主卷扬或回转电机、控制柜等）应注明出厂时间。

（6）塔式起重机常见故障排除方法参考使用说明书。

3.11.7 检查与维修保养

（1）防雷接地：

1）塔式起重机安装完成后按要求制作防雷接地，防雷接地电阻值≤4Ω；

2）接地体中间应设可拆卸断点，并采用电气连接，方便测量电阻值。

（2）基础围挡：

基础周边必须设置高度不低于1.8m的钢制定型化围挡，且围挡必须四周封闭。

（3）电缆固定：

塔式起重机主电缆和照明电缆必须用绝缘支架与塔身固定牢靠。

（4）防碰撞系统：

当多台（3台及以上）塔式起重机在同一施工现场交叉作业时应采取防碰撞措施。

（5）塔式起重机使用高度超过30m时，应安装障碍灯，起重臂根部铰点高度超过50m时应安装风速仪。

（6）起重臂上应设置安全钢丝绳，方便检查人员挂安全带。

3.11.8 塔式起重机的检测、验收及报备

（1）安装单位自检：

安装调试完成后，安装单位应对塔式起重机进行全面检查，并出具自检报告。

（2）第三方检测：

1）安装单位自检完成后监督租赁单位进行第三方检测，并留存检测报告；

2）核实检测单位资质应满足要求。

（3）塔式起重机的安装验收、报备：

1）检测完成后组织进行塔式起重机安装验收；

2）在验收合格后10日内到工程所在地县级以上建设行政主管部门办理使用备案

登记。

3.11.9　附着安装

当塔式起重机工作高度超过其独立高度时，须安装附着装置；附着装置一般由附着框、内撑杆、附着撑杆、连接耳板等构件组成。附着安装应符合下列要求：

（1）对于片式标准节塔式起重机，为方便安装附着内撑杆，附着框应安装在标准节 1/2 高度处。

（2）耳板与建筑物采取开孔方式，用穿墙螺栓连接时，应在建筑物两侧垫钢板，钢板面积不得小于耳板面积，应满足受力要求。

（3）附着杆宜水平安装，特殊情况下倾斜角度不得大于 ±10°。

（4）附着安装完成后进行垂直度测量，通过调节附着杆的调节丝杆，确保塔身最高锚固点以下垂直度偏差不超过 2/1000。

（5）在调节附着杆的调节丝杆时应使丝杆两端外露长度相同，并确保丝杆在附着杆内部外露至少 3 丝。

（6）附着杆与附着框、耳板连接销轴上方应安装垫片，防止开口销长时间摩擦后断裂。

（7）最上面一道附着必须按要求安装内撑杆。

（8）附着安装具体步骤以说明书为准。

3.11.10　安全措施

1. 标准节预留洞口挡水台

建议塔式起重机标准节穿过车库顶板预留洞口周围设置挡水台（图 3.11-18），挡水台宜与车库顶板一次浇筑成型，亦可砌筑抹灰完成，尺寸建议为 150mm×200mm。

2. 标准节穿楼板防护

塔式起重机标准节穿地下室顶板时四周采用木模板防护，可有效减少钢筋磨损标准节，减少锈蚀，地下室顶板预留洞口临边与塔式起重机塔身标准节距离不得小于 150mm，如图 3.11-19 所示。

　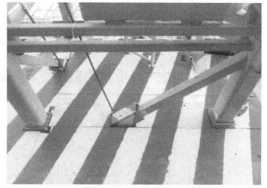

图 3.11-18　挡水台　　　　　　　　　图 3.11-19　标准节穿楼板防护

3. 防攀爬装置

（1）塔式起重机基础四周必须设置 1800mm 高的定型化防护网（图 3.11-20），留门

（向外开启）并上锁。

（2）塔式起重机应设置防攀爬措施，防止闲杂人员攀爬，如图 3.11-21 所示。

（3）塔式起重机防攀爬装置安装在地面以上第 3 节标准节中间为宜。若塔式起重机安装在地下室时，防攀爬装置安装在地下室顶板以上第 3 节标准节中间为宜。

（4）塔式起重机防攀爬装置中间通道门可翻转并上锁，上下都能正常开启。

图 3.11-20　定型化防护网　　　　　　　　图 3.11-21　防攀爬措施

4. 防坠安全器

在塔式起重机回转处安装速差式防坠安全器（图 3.11-22），司机上下班时按要求佩戴安全带并与防坠安全器连接，防止踏空坠落事故发生。

5. 标准节水平兜网

司机通道下方设置一道水平兜网，保证司机上下班通行安全，如图 3.11-23 所示。

图 3.11-22　防坠安全器　　　　　　　　　图 3.11-23　水平兜网

3.11.11　信息化系统

1. 关键工序可视化监控系统

（1）系统组成：12 个磁吸式固定摄像头、两个头戴式安全帽摄像头、无线录像机、大功率网桥、固态硬盘、外置音响、手提式装备箱以及平板电脑，塔式起重机端与服务端如图 3.11-24、图 3.11-25 所示。

（2）工作原理：分析塔式起重机安拆过程，12个Wi-Fi固定摄像头监控画面涵盖了塔式起重机顶升横梁与爬爪、顶升油泵、回转下支座与标准节连接处以及全部套架滚轮等部位，同时结合两个头戴式监控安全帽可跟随安拆作业人员视角，全面、灵活、无死角地监控塔式起重机全过程、关键工序全过程。

（3）工作特点：无死角、多路传输、无线传输、安装便利、工具化、多终端接收、多方案监控、双向语音、一键报警、防水、录像储存、长续航等。

（4）实施效果：通过该系统，将作业环节各关键部位实施画面传送到地面接收端，解决了过往设备管理人员无法监控作业过程的窘境，极大地提升了塔式起重机关键工序环节的安全可控性。

图 3.11-24　塔式起重机端　　　　　　　　图 3.11-25　服务端

2. 吊装可视化视频监控系统

（1）通过安装在大臂、平衡臂、驾驶室以及小车的高清数码摄像机，将实时图像清晰地传输至安装在驾驶室的显示屏、办公室电脑上，相关人员可以实时监控，如图3.11-26、图3.11-27所示。

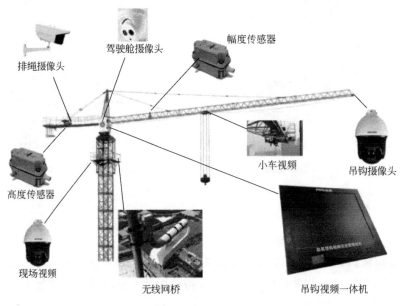

图 3.11-26　系统图

（2）帮助塔式起重机司机以及相关管理人员全过程观察吊物状态。画面实时传输，清晰度高，视频数据可存储，过程作业可溯源。有效避免吊装安全事故发生。

3. "检到位"智慧巡检系统

（1）利用"物联网＋大数据＋标准化＋云监管"手段实现大型设备信息化管理，如图 3.11-28、图 3.11-29 所示。

（2）将标准贯彻到一线作业的靶向性、穿透式安全管理工具。

图 3.11-27　四画面系统

图 3.11-28　大型设备信息化管理实体图

图 3.11-29　智慧巡检系统图

（3）通过芯片定义、布设及特制手持终端、软件操作系统及算法等，详细记录作业轨迹和作业内容。

（4）后台配置标准化作业图集和作业要求，点对点实时指导。

（5）指导一线作业行为，依据作业行为自动生成检查、维保、隐患整改等作业记录和作业报表。

（6）系统依据导入的标准对一线作业行为进行量化评价考核。

（7）通过数据累积，系统实时生成多维度关键报表，为决策提供可靠依据。

3.12 紧急情况处理

1. 制动器失灵情况下的应急措施

突然失灵：当在实际操作中遇到制动器突然失灵时，首先要进行一次点车或反向操作，并立即发出紧急信号，同时寻找吊物可以降落的地点。如当时吊物所处位置即可下落，将控制器手柄正常的操作方法转到下降速度最慢一挡，使吊物降落，决不允许吊物自由坠落。如果当时的情况不允许直接降落吊物，就要迅速地把控制器手柄逐级地转到上升速度最慢一挡，千万不要一次性把控制器手柄转到上升速度最快一挡。因为转矩变化大，会使过电流继电器触点脱开把电源切断，使重物立即自由坠落，造成吊运作业机械事故。

由电气引起的制动失灵：如果在点车或反向操作之后，重物仍在下滑，那可以认为这种失灵现象是由电气方面的原因造成的，遇到这种情况应立即拉下保护箱闸刀开关，切断电源，实现制动，使被吊物停住，查明原因，排除故障，避免事故发生。

2. 失控情况下的应急措施

所谓失控，就是电动机处于通电情况下，控制器却失去了对机构正常的控制作用。这属于操作不当引起的。此外，控制线路及电气元件的故障也会造成失控，如发现这一情况，必须立即发出警报信号，警告行人离开吊物下方，并查明原因迅速排除故障。

当塔式起重机在正常作业中突遇停顿（长时间）停电，使起吊物长时间悬挂在空中，应采取以下紧急措施：

（1）操纵开关至零位，切断总电源。

（2）由专业维修人员间断性地用手拉开起升卷扬机制动器或打开拉闸把手，让起吊物通过重力下降，每次下降较短距离，下降速度不得超过额定运行速度，最后使吊物降至地面。

3. 如吊物下面有障碍物及房屋时，应采取的措施

（1）按第2条内容先将吊物降至离物体或房屋上方安全距离内，然后采取同转装置制动或拉缆风绳措施，不让其在风力作用下同转。

（2）在吊物下方设置警戒区域，并有专人监护，不让人员在吊物下走动和作业。

（3）若吊物下方是办公区域等，则吊物下方室内人员必须暂时离开，并按第2条方法采取措施。

（4）电源恢复接通后，要进行全面检查，然后将吊物转至指定地点下降。

3.13 各类安全检查资料

1. 塔式起重机操作人员安全技术交底（表3.13-1）

塔式起重机操作人员安全技术交底　　　　　　　　　　表3.13-1

工程名称		施工单位	
出租单位		交底时间	
一般性内容			

一般性内容	1. 塔式起重机司机要做到"四懂三会"即：懂性能、懂结构、懂原理、懂用途、会操作、会保养、会排除故障；塔式起重机司机要持证上岗，非专业人员不得进行作业；进入现场应严格遵守项目的各项规章制度，竭诚服务；实行定机、定人、定责，保持操作人员相对稳定。 2. 必须遵守施工现场各项管理制度和安全规定，每班必须进行检查，并履行交接班手续，认真填写《交接班记录》。 3. 操作过程中应保持良好的精神状态，严禁倒大班作业、疲劳作业、酒后作业。 4. 多塔作业时，应避免两台或两台以上的塔式起重机在回转半径内重叠作业，特殊情况时，应严格遵守项目部编制的《多塔作业防碰装措施》。 5. 司机必须经扶梯上下，上下扶梯时严禁手携工具、物品。 6. 在无防护栏杆的部位进行检查、维修、加油、保养等工作时，必须系好安全带，并穿防滑鞋。 7. 塔式起重机作业前要保证限位装置和保险装置必须齐全有效、灵敏可靠(变幅限位、超高限位、回转限位、起重量限制器、起重力矩限制器、吊钩防脱钩保险、卷筒防过卷保险、小车断绳保护器、行程开关、限位开关、紧急停止开关、驱动机构及制动器等是否安全可靠)，定期检查吊索具，禁止使用不符合要求的吊索具，检查要有防坠落措施。 8. 认真执行"日常三检制度""交接班记录""日常运转记录"等，严格按照说明书中规定进行维护保养，遵守"群塔作业方案"。 9. 塔式起重机检查、保养、维修时，要切断配电箱电源并在铁壳开关上面挂"有人操作，禁止合闸"的警示牌。 10. 遇到大雪、大雨、大雾及5级以上大风应停止运转；将起重臂转至顺风方向，放开风标效应开关；若为群塔施工不允许起重臂自由回转时应采取其他有效措施。 11. 司机禁止工人上机作业，下班时切断总电源，并将驾驶室上锁。 12. 塔式起重机发生漏电现象及故障时，应暂停工作，并切断电源，通知有关人员及时进行修理；在检查、修理过程中必须停止作业，特殊情况下，必须采取安全措施后，设备才可动作。 13. 钢丝绳、滑轮、吊钩磨损严重。达到报废标准，应及时更换再继续工作。 14. 发生其他异常现象，影响塔式起重机正常工作时，应暂停工作，查明原因，在确定不影响安全的情况下方可进行操作。 15. 在吊装过程中吊物下不得有人停留和行走，吊装工作中操作人员不得离开驾驶室，在停工休息或中途停电时，应放松抱闸，将重物卸下；严禁直接用吊钩吊挂重物

33

一般性内容	16. 塔式起重机的臂架必须与高、低压输电线路保持一定的距离,其详细距离如下: (1)距低压供电线路水平距离不少于3m; (2)距高压供电线路水平距离不少于6m。 17. 司机应熟悉所操作塔式起重机的性能,不得超载;熟悉、理解塔式起重机上悬挂的《塔式起重机安全操作规程》和《十不吊》规定的内容,在操作过程中严格遵守。 18. 机长应将机械性能表、群塔作业方案贴在驾驶室明显位置以便查阅和警示。 19. 塔式起重机上要注意安全防火,有灭火器,在塔式起重机上工作要保持环境卫生,不吸烟,不乱扔烟头,塔上小便要用容器盛好,杂物用塑料袋装好,从塔上带下统一按一按垃圾处理,以免污染环境。 20. 塔式起重机发生故障产生噪声时,及时排除故障消除噪声后方可使用。 21. 操作人员听从安全有效的信号指挥,有权拒绝违规信号
施工现场针对性交底	**危险因素** 1. 群塔作业。 2. 高温中暑现象。 3. 雨期吊装,大雾作业,司机上下塔式起重机。 4. 塔式起重机与泵车交叉作业。 5. 吊装木方、钢筋、钢管超载现象。 6. 作业时周边有高压线
	防范措施 1. 安装群塔作业防碰撞措施。 2. 驾驶室安装空调或风扇。 3. 要求司机穿防滑鞋,大风、大雨、大雾天气暂停吊装。 4. 给司机、信号工交底塔式起重机与泵管安全距离。 5. 定期对塔式起重机司机进行安全交底、培训,提高其专业知识、操作水平及安全意识。 6. 限定塔式起重机回转角度
	应急措施 按照项目制定的应急预案

交底人签名		
总包单位安全员	专业分包单位安全员	
接受交底人签名		

2. 塔式起重机交接班记录表（表3.13-2）

塔式起重机交接班记录表　　　　　　　　　　表3.13-2

设备名称			统一编号		使用单位		班长		月：
日期		交班人	接班人	交接时间	保养情况	附属工具情况	任务情况	机械情况	注意情况
1	Ⅰ班								
	Ⅱ班								
	Ⅲ班								
2	Ⅰ班								
	Ⅱ班								
	Ⅲ班								
3	Ⅰ班								
	Ⅱ班								
	Ⅲ班								
4	Ⅰ班								
	Ⅱ班								
	Ⅲ班								
5	Ⅰ班								
	Ⅱ班								
	Ⅲ班								
6	Ⅰ班								
	Ⅱ班								
	Ⅲ班								
7	Ⅰ班								
	Ⅱ班								
	Ⅲ班								
8	Ⅰ班								
	Ⅱ班								
	Ⅲ班								
9	Ⅰ班								
	Ⅱ班								
	Ⅲ班								
10	Ⅰ班								
	Ⅱ班								
	Ⅲ班								

3. 塔式起重机安拆安全教育交底（表 3.13-3）

塔式起重机安拆安全教育交底   表 3.13-3

工程名称		安拆单位	
施工部位		交底时间	
设备型号		出厂编号	

一般性内容		1. 安拆班组保证无安拆资质的人员不得进入安拆现场,且遵守起重吊装"十不吊"规范要求,严禁作业人员酒后上岗。 2. 施工现场应设置安全警戒区域,并派人员进行安全监护。 3. 凡13m/s(约4级)以上风力时,不得进行安装、拆卸、顶升、降节作业。 4. 施工人员不准穿硬底鞋;衣着紧身、灵便;1.8m以上高空作业人员应佩戴安全带并在安全作业中有效使用。 5. 安拆现场电源电压、运输道路、作业场地等应符合安拆作业条件。 6. 检查安拆作业中配备的起重机、运输车辆等辅助机械应状况良好,技术性能应满足安拆作业的需要,检查支腿处地基是否符合起重机的吊装要求。 7. 高空作业人员在安装、拆卸起重臂、平衡臂等悬空作业时,必须保证处于安全站位,系好安全带,挂好保险钩。同时必须将工具、紧固件等物品系挂放置牢靠,严防高空坠落。 8. 作业人员必须严格遵守塔式起重机安拆施工技术方案的相关工序。 9. 安拆前对吊索具进行严格检查,不得使用不符合规范要求的吊索具。 10. 安拆作业人员必须听从现场指定的主、副指挥发出的指令,如发现指令不清应停止作业。 11. 在安拆作业过程中,当遇到天气剧变、突然停电、机械故障等意外情况,短时间不能继续作业时,必须使已安拆的部位达到稳定状态并固定牢靠,经检查确认无隐患后,方可停止作业。 12. 塔式起重机在爬升、降节及行走过程中,严禁做回转、起升等动作。 13. 及时紧固所有的紧固件,并检查各保险装置。测量并校正塔身垂直度
施工现场针对性交底	危险因素	酒后作业、高空坠落、物体打击、违反安全操作规程、不按照规定穿戴安全防护用品、启动时没注意周围的工作人员所在的位置
	防范措施	遵守安全操作规程、高空作业系好安全带、戴好安全帽、零碎物品用容器装、禁止上下抛掷零碎物品、由专人统一指挥、基础必须固定牢固之后才可以进行电梯安装加节等
	现场注意事项	1. 塔式起重机安装过程中注意劳保用品的佩戴,注意天气变化。 2. 塔式起重机安装前测量地脚螺栓平整度。 3. 注意回转机构与顶升套架和最上标准节连接螺栓要及时安装。 4. 安装塔式起重机顶升套架时,要及时将定位插销插入销孔内。 5. 安装塔式起重机大臂时要及时将大臂连接插销及配套开口销安装到位

交底人签名			
总包单位安全员		专业分包单位安全员	
接受交底人签名			

36

4. 塔式起重机关键作业旁站监督核验表（表3.13-4）

塔式起重机关键作业旁站监督核验表　　　　　　表3.13-4

工程名称				作业阶段	□安装/□附着顶升/□拆除
设备型号			现场设备编号		监管层级
核验内容及要求				核验结果及签字	责任岗位
准备阶段	1	特种设备制造许可证、产品合格证、制造监督检验证明(2008～2014年)、说明书,核验产权单位与租赁单位资质一致性			■□◎
	2	外观质量符合要求(填写进场验收记录表),设备年限是否符合要求,安装、拆除前塔身、大臂及平衡臂杂物清理干净			■□◎
	3	基础/安装/拆卸/附着顶升方案编制、审核、审批、专家论证符合要求			▲□
	4	安装/拆除向政府主管部门办理告知手续,且手续齐全			■□◎
	5	关键作业申请是否按要求审批			■
	6	塔式起重机基础的定位、尺寸、混凝土强度、排水措施等符合要求			▲□
	7	签订安全管理协议书、安拆协议			■□◎
	8	安装/拆卸/附着顶升单位资质符合要求,安装、拆卸作业人员、起重机司机、信号工、汽车起重机司机等特种作业人员证件符合要求			■□◎
	9	安装/拆卸汽车起重机型号与方案相符,场地平整,基础牢靠,吊具(钢丝绳、卡环)符合要求;如将现场塔式起重机作为辅助设备时,应核验相关塔式起重机起重量是否满足方案要求			■□◎
	10	安装/拆卸/附着顶升前对周边环境检查、警戒			■□◎
	11	安装/拆卸/附着顶升前安全教育(安拆人员、塔式起重机司机、司索工、信号工、汽车起重机司机、其他人员)			●□□
	12	安装/拆卸/附着顶升前安全技术交底(安拆人员、塔式起重机司机、司索工、信号工、汽车起重机司机)			■□◎
	13	安装/拆卸/附着顶升人员防护用品佩戴符合要求			■□◎
	14	塔式起重机安装/拆卸/附着顶升作业宜连续进行,当遇特殊情况作业不能继续时,须采取措施保证塔式起重机处于安全状态			■

核验内容及要求			核验结果及签字	责任岗位
安装阶段	1	基础节安装验收(基础节垂直度,地脚螺栓的紧固情况,**留影像资料**)→套架安装方向正确、平台牢固可靠,严禁标准节混装→顶升横梁、防脱插销安装符合要求,**留影像资料**→回转下支座与标准节连接可靠,**留影像资料**→回转塔身与回转上支座连接可靠,**留影像资料**→驾驶室安装牢固、平衡臂与塔身连接可靠,开口销安装到位→爬升架与回转下支座连接可靠,**留影像资料**→大臂拼装轴销,开口销安装齐全→大臂、拉杆安装连接,配重安装严格按照说明书要求执行→大臂前端主钢丝绳固定符合要求,**留影像资料**(每一道工序完成后方可进入下一道工序)		■
	2	大臂、拉杆安装连接,配重安装严格按照说明书要求执行;安全保护装置安装规范齐全(小车断绳保护装置、断绳保护装置旁小车钢丝绳固定方式、防断轴装置、吊钩保险卡、制动刹车)		■
	3	调试起重力矩限制器、起重量限制器、起升高度限位器、回转限位器、幅度限位器安装规范、灵敏可靠;调节塔式起重机垂直度以满足规范要求		■
	4	非原厂塔式起重机(内爬、外爬)底座等承力构件需进行探伤检查、并出具报告		■△
附着顶升阶段	1	附着前须检查建筑物被附着部位混凝土强度是否满足要求,附着操作平台是否满足施工要求		■△
	2	标准节(必须为原厂)、连接螺栓、附着框(必须为原厂)、拉杆(包括斜撑杆)、穿墙螺栓、耳板、销轴等零部件是否满足出厂设计要求,非原厂构件须提供相关设计计算说明		■
	3	顶升作业前需检查附着框安装位置是否符合要求,塔身与附着框是否固定牢靠,斜撑杆是否安装到位,框架、拉杆、耳板等各处螺栓、销轴、楔块等零部件是否齐全、正确、可靠		■
	4	附着状态下最高附着点以下塔身轴心线对支承面垂直度误差不得大于相应高度的2/1000		■
	5	主电缆及照明电缆长度是否满足顶升高度要求		■
	6	顶升动作前必须检查套架与回转支座是否正确连接,顶升液压系统是否稳压1min以上		■
	7	顶升过程中操作人员必须精神高度集中,时刻关注塔式起重机整体平衡性及油缸位置,每步顶升动作时顶升横梁安全销必须正确插入		■

		核验内容及要求	核验结果及签字	责任岗位
附着顶升阶段	8	顶升完成后检查回转支座与标准节是否正确连接,标准节连接螺栓、销轴是否紧固到位,套架是否下降到规定位置,卷筒钢丝绳长度是否满足使用要求		■
	9	最高锚固点以上塔身对支承面垂直度误差是否小于4/1000		■
	10	锚固点以上自由端高度符合说明书要求		■
拆除阶段	1	降节前,塔式起重机整体平衡性调整到位→检查油缸稳压性→顶升油缸正常→每步顶升安全销安装到位		■
	2	拆除附墙前检查下道附墙以上部分的自由高度是否符合塔式起重机说明书要求		■
	3	拆除附墙前,结合拆除过程中垂直度测量数据,采取牵引等措施,防止塔身晃动过大		■
	4	附墙杆拆除时需做好辅助牵引工作		■
	5	附墙临时作业平台拆除需安排专业作业人员		■
	6	解体:按照说明书要求留足配重数量→拆除大臂(必须使用缆风绳调节大臂位置,大臂吊点位置和安装时一致,钢丝绳在起重机吊钩处用卡环固定避免吊装钢丝绳张角过大)→拆除剩余配重→拆除平衡臂(使用缆风绳)→拆除塔帽→拆除回转→拆除套架(核实起重机起重量)		■
	7	拆除大臂、平衡臂时,根部与塔身用钢丝绳临时牵引避免晃动		■
	8	拆除有挡墙的基础节时,严禁先拆除挡墙支撑结构		■

项目部意见:

项目负责人签字:　　　　　　　　　　　日期:

上级部门意见	(□分公司/□公司) 安全部门: 日期:	(□分公司/□公司) 技术部门: 日期:	(□分公司/□公司) 设备部门: 日期:

注:1. 塔身、套架、回转、塔帽、平衡臂、大臂等严格按照说明书工艺工序安装。2. 以上内容仅限于旁站监督重点工作,其他事项及工作环节按照《建筑施工塔式起重机安装、使用、拆卸安全技术规程》JGJ 196—2010及安装说明书严格执行。3. 核验内容及要求由项目设备(□)、技术(△)、安全(◎)进行分工督导到位,标识加黑的为主责部门,若准备阶段的内容未完成,不得进入安装/拆除阶段。

5. 塔式起重机安全技术月度巡查表（表 3.13-5）

塔式起重机安全技术月度巡查表　　　　　　　　表 3.13-5

工程名称				租赁单位			
塔式起重机	型号	TC5613	出厂编号		塔高		40m
	幅度	56m	起重力矩	800kN·m	最大起重量		6t
与建筑物水平附着距离			4.5m	附着道数		5 道	
验收部位	验收要求					结果	
塔式起重机结构	部件、附件、连接件安装齐全,位置正确						
	螺栓拧紧力矩达到技术要求,开口销完全撬开						
	结构无变形、无开焊、无疲劳裂纹						
	压重、配重的重量与位置符合使用说明书要求						
基础与轨道	地基坚实、平整。地基或隐蔽工程资料齐全、准确						
	路基箱或枕木铺设符合要求,夹板、道钉使用正确						
	钢轨顶面纵、横方向上的倾斜度不大于 1/1000						
	塔式起重机底架平整度符合使用说明书要求						
	止挡装置距钢轨两端距离≥1m						
	行走限位装置距止挡装置距离≥1m						
	轨道接头间距不大于 4mm,接头高低差不大于 2mm						
机构与零部件	钢丝绳在卷筒上面绕整齐,润滑良好						
	钢丝绳规格正确,断丝和磨损未达到报废标准						
	钢丝绳固定和插编符合国家标准和行业标准						
	各部位滑轮转动灵活、可靠、无卡塞现象						
	吊钩磨损未达到报废标准、保险装置可靠						
	各机构转动平稳、无异常响声						
	各润滑点润滑良好、润滑油牌号正确						
	制动器动作灵敏可靠,联轴节连接良好,无异常						
附着锚固	锚固框架安装位置符合规定要求						
	塔身与锚固框架固定牢靠						
	附着框、锚杆、附着装置等各处螺栓销轴齐全正确可靠						
	垫铁、楔块等零部件齐全可靠						
	附着状态下最高附着点以下塔身轴心线与支承面垂直度不得大于相应高度的 2/1000						实测数据为___‰
	独立状态或附着状态下塔身轴心线与支承面垂直度不得大于相应高度的 4/1000						实测数据为___‰
	附着点以上塔式起重机悬臂高度符合说明书要求						悬臂高度为___m

验收部位	验收要求	结果
电气系统	供电系统电压稳定、正常工作、电压(380±10%)V	
	仪表、照明、报警系统完好、可靠	
	控制、操作装置动作灵活、可靠	
	电气系统接线按要求设置短路和过电流、失压及零位保护,切断总电源的紧急开关符合要求	
	电气系统对地的绝缘电阻不大于0.5MΩ	
安全限位装置与保险装置	起重量限制器灵敏可靠,其综合误差不大于额定值的±5%	
	力矩限制器灵敏可靠,其综合误差不大于额定值的±5%	
	回转限位器灵敏可靠	
	行走限位器灵敏可靠	
	变幅限位器灵敏可靠	
	超高限位器灵敏可靠	
	顶升横梁防脱装置完好可靠	
	吊钩上的钢丝绳防脱钩装置完好可靠	
	滑轮、卷筒上的钢丝绳防脱装置完好可靠	
	小车断绳保护装置灵敏可靠	
环境	与架空线最小距离符合要求	
	塔式起重机的尾部与周围建(构)筑物及其外围施工设施之间的安全距离不得小于0.6m	
其他	已落实持证专职司机	
	有专人指挥并持有上岗证书	
	操作人员、指挥人员上岗挂牌已落实	
	机械性能挂牌已落实	
	塔式起重机夹轨钳齐全有效	
	驾驶室能密闭,门窗玻璃完好,门能上锁	
	塔式起重机油漆无起壳、脱皮、保养良好	

检查结论:

租赁单位检查人签字:　　　　　　　　　　　　　　使用单位检查人签字:

日期:　　年　　月　　日

说明:本表在租赁单位进行月度上机检查后现场填写。

6. 建筑起重机械安装专项施工方案审批表（表 3.13-6）

建筑起重机械安装专项施工方案审批表

工程名称		设备备案号	
设备名称		设备型号	
安拆单位		方案名称	
安拆单位	技术负责人：　　　　　　　安拆单位盖章： 　　　　　　　　　　　　　　　　　年　月　日		
施工单位	技术负责人：　　　　　　　施工单位盖章： 　　　　　　　　　　　　　　　　　年　月　日		
监理单位	总监理工程师：　　　　　　监理单位盖章： 　　　　　　　　　　　　　　　　　年　月　日		

42

7. 起重设备关键作业申请表（表 3.13-7）

起重设备关键作业申请表   表 3.13-7

工程名称				关键作业内容		
设备型号		安装高度		设备现场编号		监管层级
计划作业时间				申请人		

	主要内容		落实情况	核验人
1	专项施工方案	按要求编制专项施工方案,进行审核、审批,超过一定规模的分部分项工程,应组织专家审核论证		
2	技术交底	组织施工单位进行安全技术交底,掌握施工要点,明确施工过程中存在的危险因素、安全控制重点		
3	安全教育	关键作业施工前,组织施工人员进行专项教育培训,重点是危险作业注意事项、应急措施等		
4	作业点或作业面安全措施落实情况	作业点与作业面安全防护设施或警戒措施应完好、齐全、有效;各类监测、检查、验收应按方案要求实施		
5	总包及分包单位人员旁站情况	关键作业应根据作业规模明确总、分包单位具体责任人,进行施工现场旁站监督		

项目部意见:
项目经理签字:　　　　　　　　　　　　日期:

分公司意见:
分管领导签字:　　　　　　　　　　　　日期:

公司意见:
分管领导签字:　　　　　　　　　　　　日期:

8. 塔式起重机基础验收表（表3.13-8）

塔式起重机基础验收表   表3.13-8

工程名称		工程地址	
使用单位		安装单位	
设备型号		备案登记号	

序号	检查项目	检查结论 （合格√、不合格×）	备注
1	地基承载力		
2	基础尺寸偏差(长×宽×高)(mm)		填实际尺寸
3	基础混凝土强度报告		附报告
4	基础顶部标高偏差(mm)		附实测数据
5	预埋螺栓、预埋件位置偏差(mm)		附实测数据
6	基础周围排水措施		
7	基础表面平整度		附实测数据
8	基础周边与架空输电线安全位置		

其他需要说明的内容：

总承包单位		参加人员签字	
使用单位		参加人员签字	
安装单位		参加人员签字	
监理单位		参加人员签字	

验收结论：

施工总承包单位(盖章)：

年　月　日

注：1. 本表在设备进场安装前填写，验收合格后无需更新。2. "备注"栏填实测数据或附相关报告。

44

9. 塔式起重机进场验收表（表 3.13-9）

工程名称			验收日期	
规格型号			出厂编号	
检验项目及要求			检验结果	
金属结构	钢结构齐全、无丢失、无变形、无开焊、无裂纹,结构表面无严重锈蚀,油漆无大面积脱落			
传动机构	减速机、卷扬机、制动器、回转机构、液压顶升系统部件齐全,工作正常			
吊钩	无裂纹、无变形、无严重磨损,钩身无补焊、无钻孔现象			
钢丝绳	完好、无断股、断丝不超过规范要求			
滑轮	完好、转动灵活,无卡塞现象			
安全装置	各限位装置、保险装置齐全、牢固、动作灵敏			
电气	电缆无破损,控制开关无损坏、无丢失、开关灵敏			
油料	各部位油箱油量、油质符合本机说明书要求,油路畅通无泄漏、堵塞现象			
技术资料	制造许可证、制造监督检验证明、产品合格证、产权备案登记证等资料齐全			
验收意见				
验收人:	设备管理员:		监理工程师:	
租赁单位签字(盖章):	总承包单位签字(盖章):		监理单位签字(盖章):	

10. 塔式起重机垂直度测量表（表 3.13-10）

塔式起重机垂直度测量表　　　　　　　　　　　　表 3.13-10

塔式起重机	设备型号	塔式起重机	测量仪器	名称	
	出厂编号			型号	
	自身高度			竖直角	
	测点高度			送检日期	

( )mm　( )mm

( )mm

( )mm

建筑物：

中心线垂直度：　　垂直度为：

测量人员签字：　　　　　　　　　　　　　　　　年　月　日

注：1. 本表在塔式起重机安装验收时和每次附墙顶升后进行测量并将测量数据填入相应验收表格内。

　　2. 在没有附墙顶升情况下每月测量一次。

　　3. 对于附墙顶升完毕的塔式起重机应针对最高一道附墙以上和以下分别测量和记录。

11. 塔式起重机安装验收表（表3.13-11）

塔式起重机安装验收表　　　　　　表3.13-11

工程名称						
塔式起重机	型号		设备编号		起升高度	
	幅度	起重力矩(kN·m)		最大起重量	塔高	
与建筑物水平附着距离			各道附着间距		附着道数	
验收部位	验收要求					结果
塔式起重机结构	部件、附件、连接件安装齐全,位置正确					
	螺栓拧紧力矩达到技术要求,开口销完全撬开					
	结构无变形、无开焊、无疲劳裂纹					
	压重、配重的重量与位置符合使用说明书要求					
基础与轨道	地基坚实、平整;地基或隐蔽工程资料齐全、准确					
	路基箱或枕木铺设符合要求,夹板、道钉使用正确					
	钢轨顶面纵、横方向上的倾斜度不大于1/1000					
	塔式起重机底架平整度符合使用说明书要求					
	止挡装置距钢轨两端距离≥1m					
	行走限位装置距止挡装置距离≥1m					
	轨道接头间距不大于4mm,接头高低差不大于2mm					
机构与零部件	钢丝绳在卷筒上面排列整齐,润滑良好					
	钢丝绳规格正确,断丝和磨损未达到报废标准					
	钢丝绳固定和插编符合国家标准和行业标准					
	各部位滑轮转动灵活、可靠、无卡塞现象					
	吊钩磨损未达到报废标准、保险装置可靠					
	各机构转动平稳、无异常响声					
	各润滑点润滑良好、润滑油牌号正确					
	制动器动作灵敏可靠,联轴节连接良好,无异常					
附着锚固	锚固框架安装位置符合规定要求					
	塔身与锚固框架固定牢靠					
	附着框、锚杆、附着装置等各处螺栓、销轴齐全、正确可靠					
	垫铁、楔块等零部件齐全可靠					
	附着状态下,最高附着点以下塔身轴心线与支承面垂直度不得大于相应高度的2/1000					
	独立状态或附着状态下塔身轴心线与支承面垂直度不得大于相应高度的4/1000					
	附着点以上塔式起重机悬臂高度符合说明书要求					

验收部位	验收要求	结果
电气系统	供电系统电压稳定、正常工作、电压(380±10％)V	
	仪表、照明、报警系统完好、可靠	
	控制、操作装置动作灵活、可靠	
	电气连接按要求设置短路和过电流、失压及零位保护,切断总电源的紧急开关符合要求	
	电气系统对地的绝缘电阻不大于 0.5MΩ	
安全限位装置与保险装置	起重量限制器灵敏可靠,其综合误差不大于额定值的±5％	
	力矩限制器灵敏可靠,其综合误差不大于额定值的±5％	
	回转限位器灵敏可靠	
	行走限位器灵敏可靠	
	变幅限位器灵敏可靠	
	超高限位器灵敏可靠	
	顶升横梁防脱装置完好可靠	
	吊钩上的钢丝绳防脱钩装置完好可靠	
	滑轮、卷筒上的钢丝绳防脱装置完好可靠	
	小车断绳保护装置灵敏可靠	
环境	布设位置合理,符合施工组织设计要求	
	与架空线最小距离符合要求	
	塔式起重机的尾部与周围建(构)筑物及其外围施工设施之间的安全距离不得小于 0.6m	

出租单位验收意见:	安装单位验收意见:
签字(盖章): 日期:	签字(盖章): 日期:
使用单位验收意见:	监理单位验收意见:
签字(盖章): 日期:	签字(盖章): 日期:

总承包单位验收意见:
签字(盖章): 日期:

注:本表在塔式起重机安装单位自检合格后,由项目部设备管理员组织各单位(含主体劳务分包单位)进行联合验收,验收合格后报分公司验收。

12. 塔式起重机附着、顶升检验记录表（表3.13-12）

塔式起重机附着、顶升检验记录表   **表 3.13-12**

工程名称			安装单位		
设备型号			出厂编号		
原塔高			顶升后高		
附着道数		各道附着间距		与建筑物水平附着间距	
项目	内容和要求			结果	
附着锚固检查	锚固框架安装位置是否符合规定要求				
	塔身与锚固框架是否固定牢靠				
	框架、锚杆、墙板等各处螺栓、销轴是否齐全、正确、可靠				
	坠铁、楔块等零部件齐全可靠				
	附着状态下,最高附着点以下塔身轴心线对支承面垂直度误差不得大于相应高度的 2/1000				
顶升之后检查	塔身连接节是否可靠,螺栓和销子是否齐全				
	套架是否降低到规定位置,电源线是否接好				
	最高锚固点以上塔身对支承面垂直度误差是否小于 4/1000				
	塔身与回转平台连接是否可靠,螺栓拧紧力矩是否达标				
	锚固点以上塔身自由高度不得大于规定要求				
验收结论					
验收签字	附着、顶升负责人: 安全员: 设备管理员: 监理工程师: 　　　　　　　　　　　　　　　　　　年　　月　　日				

注：本表在每次附着、顶升完成后，联合附着、顶升负责人向监理报验并现场填写。

4 施工升降机标准化管理

≫≫≫

4.1 施工升降机概述

施工升降机是一种采用齿轮齿条啮合的方式或者钢丝绳提升方式，使吊笼做垂直或倾斜运动，用以输送人员和物料的机械。它广泛应用于施工现场人员及物料的垂直运输，在工业与民用建筑、大型桥梁等施工中是不可缺少的运输设备。本章只对齿轮齿条式施工升降机（以下简称施工升降机）作以说明。

齿轮齿条式施工升降机是一种通过布置在吊笼上的传动装置中的齿轮与布置在导轨架上的齿条相啮合，使吊笼沿导轨架上下运动，来完成人员和物料输送的施工机械。特点：传动装置驱动齿轮迫使吊笼沿导轨架上的齿条上下运动；导轨架由标准节拼接组成。截面形式可分为矩形和三角形两种。导轨架通过附墙架与建筑物或其他结构相连；吊笼顶部设置有吊杆，方便导轨架升高加节和拆除。吊笼数量分为单笼和双笼。

主要特征：

（1）可运载人员和货物。

（2）有导向装置。

（3）吊笼垂直运行或沿着与垂直面夹角最大不超过 15° 的导轨运行。

（4）吊笼由卷筒驱动的钢丝绳、或由齿轮齿条、液压油缸（直接或间接）或伸缩连杆机构悬挂或支撑。

（5）导轨架架设时需要或不需要其他独立结构支撑。

4.2 型号和参数分类

4.2.1 施工升降机型号

编制方法：施工升降机型号由组、型、特性、主要参数和变型更新等代号组成；型号说明如图 4.2-1 所示。

参数代号：单吊笼施工升降机只标注一个数值，双吊笼施工升降机标注两个数值，用符号"/"隔开，每个数值均为一个吊笼的额定载重量代号。

特性代号：表示施工升降机两个主要特性的符号。

对重代号：有对重时标注 D，没有时省略。

导轨架代号：对于 SC 型施工升降机，三角形截面标注 T，矩形或片式截面省略；倾斜式或曲线式导轨架则不论何种截面均标注 Q。

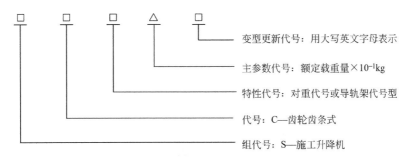

图 4.2-1 型号说明

4.2.2 型号示例

齿轮齿条式施工升降机，双笼无对重，两个笼子额定载重量均为2000kg，导轨架截面为矩形，则表示为：施工升降机SC200/200。

由于带对重施工升降机存在断绳、脱轨、对重坠落等安全隐患，因而国家提倡使用无对重式施工升降机，即由原来的两电机驱动改为三电机驱动，取消对重装置。

4.2.3 分类

按运行速度分：低速（0～46m/min）、中速（0～63m/min）、高速（0～90m/min）。

按驱动传动方式分：普通双驱动或三驱动形式、变频调速驱动式、液压传动驱动式。

4.3 构造

4.3.1 组成部分

施工升降机主要由底架、地面防护围栏、吊笼、标准节、吊笼门、附墙系统等部分组成。结构示意图如图4.3-1所示。

底架安装导轨架及围栏等构件的机架，应能承受施工升降机作用在其上的所有载荷，并能有效地传递到其支撑件的基础表面，并应在吊笼和对重运行通道的最下方安装底架式缓冲装置，如图4.3-2、图4.3-3所示。一般由生产厂家提供，采取工字型钢焊接成"井"字形。

4.3.2 地面防护围栏

由型钢、钢板、网板及钢丝网焊接而成，施工升降机基础周围应设置高度不小于2m的防护围栏，各片围栏用螺栓固定连接，不得有缺口，以防止人员从周围进入施工升降机下方。

4.3.3 主要部件

1. 吊笼（图4.3-4）

一般由型钢组成矩形框架，四周封有钢丝网或钢板片。普通型吊笼标配尺寸为：3.2m×1.5m×2.5m 和 3m×1.3m×2.5m。驾驶室尺寸为：0.8m×0.85m×2.3m。

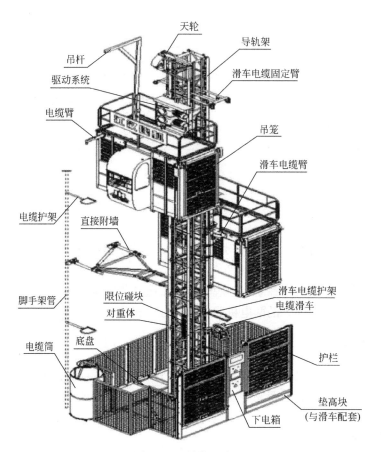

图 4.3-1　结构示意图

图 4.3-2　底架

图 4.3-3　缓冲装置

2. 标准节（图 4.3-5）

（1）分类：基础节、加强节、转换节、普通节、维修节。

（2）尺寸：长 1508mm。

（3）厚度：4.5mm、6.3mm、8.0mm、10mm。

（4）截面：450mm×450mm、650mm×650mm、650mm×900mm、800mm×800mm。

图 4.3-4　吊笼

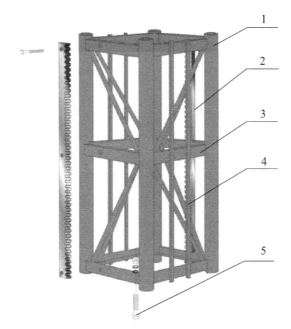

图 4.3-5　标准节

1—立柱管；2—齿条；3—横腹杆；4—对重轨道；5—标准节连接螺栓

（5）连接方式：采用高强度螺栓从下向上穿入，阶差≤8mm，主要有：

1）平垫＋弹簧垫片＋螺母。

2）平垫＋防退螺母。

3）平垫＋两个普通螺母。

（6）使用要求：当标准节立管壁厚最大减少量为出厂厚度的25%时，此标准节应当予以报废或按管壁厚度规格降级使用。

（7）齿条安装要求：每根齿条由3颗内6角螺栓固定，螺栓不得有松动，相邻2根齿条的对接处，沿齿高方向的阶差≤0.3mm，沿长度方向的齿距偏差≤0.6mm。

（8）垂直度要求如表4.3-1所示。

导轨架架设高度 h	$h \leqslant 70$	$70 < h \leqslant 100$	$100 < h \leqslant 150$	$150 < h \leqslant 200$	$h > 200$
垂直度偏差(mm)	不大于导轨架架设高度的 1‰	$\leqslant 70$	$\leqslant 90$	$\leqslant 110$	$\leqslant 130$

3. 附墙系统（图 4.3-6、图 4.3-7）

附墙间距：2 道附着之间距离最大不超过 10.5m，附着以上不超过 7.5m。附墙架与水平面之间的夹角应控制在±8°以内。

图 4.3-6　Ⅱ形附墙系统　　　　　　　图 4.3-7　Ⅴ形附墙系统

4.3.4　传动机构组成

SC 型一般由驱动板、靠背轮、驱动齿、电动机、减速器、联轴器、制动器等组成。SS 型驱动机构一般采用卷扬机和曳引机（现在应用较少），SC 型三驱动装置如图 4.3-8 所示。

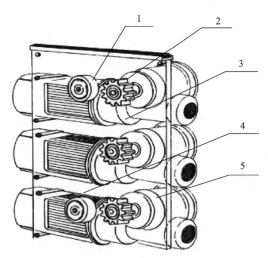

图 4.3-8　SC 型三驱动装置

1—背轮；2—驱动齿轮；3—联轴器；4—制动电机；5—减速器

工作原理：SC 型施工升降机导轨架上固定的齿条与吊笼上传动齿啮合，传动机构通过电动机、减速器和传动齿轮转动使吊笼做上升、下降运动。各机构的作用如表 4.3-2 所示。

各机构的作用 表 4.3-2

驱动板	用来承载电机、减速器、联轴器的一个载体
电动机	作为施工升降机运转的主要动力来源,通常使用的是盘式制动三相异步电机
减速器	由蜗轮、蜗杆及箱壳、输出轴、轴承、密封件等零件组成,减速器的油温一般不得超过 60℃,其他减速器和液压油温不超过 45℃
制动器	施工升降机采用的是常闭式制动器,若失去动力或控制失效,无法重新启动时,可进行手动紧急下降操作。吊笼下降速度不得超过防坠安全器的额定速度,每下降 20m 后,应停止 1min。让制动器冷却后再下降,防止因过热而损坏制动器
联轴器	连接电机与制动器的装置,主要起缓冲作用

4.4 安全装置

4.4.1 SC 型施工升降机安全装置

安全装置一般由防坠安全器，安全钩，安全开关，缓冲装置，载荷保护装置，极限限位电气安全开关（行程开关），外围栏安全门限位开关，吊笼单开门限位开关，吊笼双开门限位开关，天窗限位，上、下极限限位，上、下减速限位，冒顶限位，机械联锁开关，外围栏安全门，吊笼双开门机械锁紧开关等组成。

4.4.2 防坠安全器

1. 防坠安全器的分类（按制动特点分类）

（1）渐进式防坠安全器：

组成：铜螺母、安全开关、碟形弹簧、锥形壳体（内锥体）、锥形铁芯（外锥体）、离心块、离心块座、压簧片、齿轮。

特点：制动距离较长，制动平稳，冲击小，人货两用施工升降机应用较广泛。

（2）瞬时式防坠安全器：

特点：制动距离较短，制动不平稳，冲击大，物料提升机应用较多。SAJ 型防坠安全器如图 4.4-1 所示。

2. 防坠安全器工作原理

当梯笼运行速度超过防坠安全器额定的动作速度时，离心率加大，离心块克服拉力弹簧的作用向外甩出，摩擦制动力矩加大，带动电气联锁开关动作，使电机断电，从而安全制动。

3. 主要参数

（1）额定制动载荷。

（2）标定动作速度。

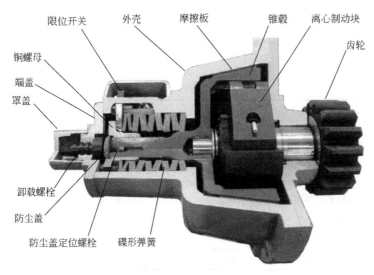

图 4.4-1 SAJ 型防坠安全器示意图

（3）制动距离。

（4）标定工作速度。

4. 常用型号

（1）SAJ30-1.2、SAJ30-2.0、SAJ40-1.2、SAJ40-2.0。

（2）SAJ50-1.4、SAJ50-2.0、SAJ70-1.4、SAJ60-2.0。

5. 防坠安全器安全要求

（1）防坠安全器的定检有效期为 1 年，自铭牌上的检测日期算起。

（2）有效使用年限为 5 年；防坠安全器不管使用与否，都应每年年检 1 次。

（3）安装完毕使用前进行坠落试验，连续使用 3 个月进行 1 次坠落试验。

（4）防坠安全器出厂后，动作速度不得随意调整。

（5）防坠安全器不应由电动、液压或气动操纵的装置触发，一旦触发，正常控制下吊
笼运行应当由电气安全装置制动中止。

（6）防坠安全器在吊笼内部位置严禁加注润滑油。

4.4.3 安全钩

安全钩必须成对设置，一般在吊笼的立柱上安装上下两组安全钩。安全钩是防止吊笼
倾翻的挡块，防止吊笼脱离导轨架或防坠安全器输出齿脱离齿条。

4.4.4 缓冲装置

安装在施工升降机的底架上，主要使用弹簧缓冲器，其作用是吸收下降的梯笼或对重
的动能，起到缓冲作用。

4.4.5 载荷保护装置

对施工升降机的起重量进行控制，当载荷达到 90％时发出警示信号，当超过额定载荷
时自动切断电源。常用电子传感器式载荷保护装置。

4.4.6 安全开关

1. 上、下限位开关的设置

上、下限位开关安装在安全板上，吊笼运行至上、下限位置时，限位开关与限位撞铁接触，吊笼停止运行。当吊笼反方向运行时，限位开关自动复位。上限位碰块的安装位置以上，必须预留两节标准节。下限位不得作为停止装置。

2. 上、下减速限位开关的设置

变频调速施工升降机必须设置减速开关，当吊笼运行时先触碰减速限位，使变频器切断加速电路，使吊笼速度下降。上、下减速限位开关如图 4.4-2 所示。

4.4.7 上、下限位撞铁

（1）当吊笼的额定提升速度小于 0.8m/s 时，上限位触发后，上部的安全距离不小于 1.8m。

（2）额定提升速度大于 0.8m/s 时，上部的安全距离不小于 $1.8+0.1v^2$m。变频升降机上减速限位与上限位共用一根加长撞铁。

（3）上极限限位撞铁安装位置应保证上限位开关与上极限限位开关之间的越程距离为 0.15m。

（4）上限位撞块不得用做停止动作。

上、下限位撞铁如图 4.4-3 所示。

图 4.4-2　上、下减速限位开关

图 4.4-3　上、下限位撞铁

4.4.8 极限限位

保证吊笼在运行至上、下限位后，因限位开关故障失灵，切断主电源，使吊笼停止，保证梯笼往上运行不冒顶，往下运行不撞底，极限限位动作后，不能自动复原，只能手动复原后梯笼才能重新启动。

4.4.9 防冒顶限位

部分施工升降机安装防冒顶限位，该限位的行程开关紧贴标准节齿条运行，当运行至无齿条处时，行程开关向下弹出，此时施工升降机只能向下运行，起到防冒顶的作用，如图 4.4-4 所示。

4.4.10 天窗限位

天窗是人员从梯笼内部到达梯笼顶的唯一通道，为故障维修和撤离提供方便；天窗须处于常闭状态，上方不得放置杂物，如图 4.4-5 所示。

图 4.4-4　防冒顶限位

图 4.4-5　天窗限位

4.4.11 靠背轮

靠背轮（图 4.4-6）数量必须齐全，能灵活转动；靠背轮外侧应安装断轴保护罩，防止靠背轮轴承断裂后坠落。

4.4.12 超载保护装置

通常采用电子传感器式超载保护装置，当载荷达到额定载重量的 110％前应能中止吊笼启动；当载荷达到额定载重量的 90％时应能给出报警信号，如图 4.4-7 所示。

图 4.4-6　背靠轮

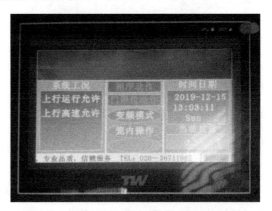

图 4.4-7　超载保护装置

58

4.4.13 其他安全装置

1. 机械联锁

机械联锁（图4.4-8）包含外围栏门机械锁、吊笼单开门、双开门机械锁紧开关。机械联锁装置由压簧、安全钩、压板、支座组成。在施工升降机运行后，机械联锁的弹簧处于未受力状态，安全钩将外围栏门锁死，此时施工升降机入口的外围栏门打不开，防止施工升降机作业时人员进入。在梯笼停靠在基础平面时，吊笼上的压板压着安全钩的尾部，安全钩处于受力状态，离开外围栏门，此时外围栏可以打开，同时电气开关作用，梯笼启动不了。

2. 吊笼门机械锁

吊笼门机械锁（图4.4-9）采用重力复位，彻底消除弹簧失效故障，活动钩与底座全部采用铸件，在进料门框架上增加固定钩体安装板，吊笼离开底层后，防止进料门打开。

图4.4-8 机械联锁

图4.4-9 吊笼门机械锁

3. 安全节

由没有齿条的标准节组成，通常会标注特殊的颜色便于区分，如图4.4-10所示。

4. SS型施工升降机对重装置

由对重体、天轮装置、钢丝绳、对重绳轮、钢丝绳架等组成。能平衡吊笼荷载，启、停动作冲击力小，如图4.4-11所示。

图4.4-10 安全节

图4.4-11 对重装置

4.5 电气系统

4.5.1 供电方式

1. 电缆护线装置

一般由电缆进线架、电缆导向架和电缆储存筒组成。受风载荷和自重的影响较大，一般控制在100m以内。

2. 电缆滑车装置

包含电缆滑车、电缆臂架、护线架；电缆滑车供电可以有效减小风力及电缆自重的影响，但是基础门槛较高，如图4.5-1、图4.5-2所示。

3. 滑触线

包含集电器总成、导向接线盒总成、固定铁件、滑触线、进线头、防坠挂件等，滑触线供电无需护线架，不受风力、电缆自重等影响，维护简单。易受当地气候和现场环境影响。如图4.5-3所示。

图4.5-1　护线架　　　　　　图4.5-2　电缆滑车　　　　　　图4.5-3　滑触线

4.5.2 供电系统

施工升降机采用380V±5%（361~399V），50Hz三相交流电源，由施工单位配备专用的三级配电箱，与其控制的固定设备的水平距离不得超过3m。开关箱必须设置隔离开关、断路器或熔断器及漏电保护器，开关箱的漏电保护器额定漏电动作电流不应大于30mA，动作时间不应大于0.1s。

断错相保护器：电路应该设有相序和断相保护器，当电路发生错相和断相时，保护器就能通过控制电路及时切断电源，使施工升降机无法启动。

操作面板组成：操作手柄、启动按钮、急停按钮、照明开关、电源开关。

急停按钮：拍下急停按钮后，施工升降机必须停止运行，急停按钮不能自动复位。

操作手柄：控制施工升降机上下运行轨迹，必须灵敏可靠，自带零位保护系统。

启动按钮：运行前作业人员应当按下启动按钮，电梯按下启动按钮时电铃声响。

4.6 过程管控要点（安装、拆除、过程管理）

4.6.1 安装管理

施工升降机安装前的准备工作：

（1）按要求上报审批安装方案。

（2）向政府主管部门办理告知手续。

（3）提前 3 天进行关键作业申请。

（4）进行基础验收，确保基础定位、尺寸、平整度、混凝土强度、排水措施等符合要求。

（5）道路、场地、电源等应满足安装要求。

（6）确定附墙架与建筑物连接方式，准备好预埋件和固定件。

（7）对进场的施工升降机零部件进行详细验收，存在超年限、结构件严重变形或锈蚀、安全装置不全等缺陷的设备严禁进入施工现场。

（8）对安装场地周边环境、辅助设备进行检查和警戒。

（9）对安装及操作人员进行安全教育，如图 4.6-1 所示，并监督安装单位对其进行安全技术交底，如图 4.6-2 所示。

图 4.6-1 安全教育　　　　　　　　图 4.6-2 安全技术交底

4.6.2 底座安装

底座安装应符合下列要求：

（1）将基础表面清理干净，安装底架和吊笼缓冲装置，并进行底架平整度测量，如图 4.6-3 所示。

（2）如果基础采用二次浇筑法，应注意二次浇筑强度不得低于原基础混凝土强度等级。

4.6.3 安装基础节

将基础节与底架用螺栓连接并拧紧，如图4.6-4所示，进行垂直度测量，垂直度控制在1/1000以内。须根据使用说明书选择正确壁厚的标准节。

图4.6-3 底架平整度测量　　　　　　　图4.6-4 基础节与底架连接并拧紧

4.6.4 安装吊笼及传动小车

吊笼及传动小车的安装应符合下列要求：

（1）安装吊笼前应对吊笼传动及滚轮部位进行检查，避免有螺栓、铁丝等杂物影响安装，检查防坠安全器齿轮是否灵活。

（2）用起重设备将吊笼从标准节上方缓慢放下，如图4.6-5所示，在底架上放置枕木，防止吊笼在吊装过程中蹲底变形，安装好吊笼防护栏杆。

（3）打开传动小车电机制动器（方法参考使用说明书），用起重设备吊起传动小车，从标准节上方就位，将传动小车销孔与吊笼连接耳板对准后穿入销轴（带载重量传感器的销轴应检查是否完好）并固定，恢复驱动电机制动器，如图4.6-6所示。

图4.6-5 吊笼安装　　　　　　　　　图4.6-6 传动小车安装

（4）安装吊杆：安装电缆或电缆滑触线，接通电源，采用点动方式试运行。

4.6.5 安装外围护栏及外笼门

将外围防护、外笼门与底座进行连接，调整机电联锁装置及外笼门限位，确保灵敏可靠，如图 4.6-7 所示。

4.6.6 安装下限位、下减速（变频）限位、下极限限位碰块

（1）安装下限位、下减速限位、下极限限位碰块，如图 4.6-8 所示，使吊笼进门坎与门框架门槛齐平，保证极限限位在下限位动作之后动作，而且吊笼不得碰撞弹簧。

（2）安装下减速限位碰块时应注意下限位碰块位置，确保行程重叠至少 20cm。

图 4.6-7 外围防护栏安装

图 4.6-8 下限位、下减速限位、下极限限位碰块安装

4.6.7 安装导轨架

（1）用吊杆安装步骤如下：

用吊杆吊起一个标准节（注意带锥套的一端向下）置于吊笼顶部放稳→向上启动吊笼，使吊笼顶离导轨大约差 300mm 停下（防止冲顶）→再用吊杆提起标准节，略高于导轨顶端，转动吊杆，使标准节对准导轨顶端→下放并拧紧连接螺栓→如此反复，逐步加高导轨→待到达加附墙架的位置，及时安装附墙架。

（2）用塔式起重机安装步骤如下：

选择平整场地拼接标准节，每次拼接长度不得超过 9m（6 节），如图 4.6-9 所示→向上启动吊笼，使吊笼顶离导轨顶大约差 300mm 停下（防止冲顶）→用塔式起重机吊起拼接好的标准节（注意带锥套的一端向下），略高于导轨顶端，使标准节对准导轨顶端→下放并拧紧连接螺栓→如此反复，逐步加高导轨→待到达加附墙架的位置，及时安装附墙架，如图 4.6-10 所示。

（3）安装过程中标准节连接螺栓必须朝上安装，且上下加垫片，最顶端须安装一节无齿节，自由高度不得大于 7.5m。

（4）在导轨架安装到具备做坠落试验要求的高度时进行坠落试验（具体操作和要求见说明书）。

（5）标准节每次拼接长度不得超过 9m（6 节），标准节连接螺栓必须朝上安装，且上下加垫片，最顶端须安装一节无齿节，自由高度不得大于 7.5m。

图 4.6-9　标准节安装

图 4.6-10　附墙架安装

（6）按说明书要求进行坠落试验。

（7）上限位和上极限限位开关之间的越程距离应≥0.15m。

（8）层门与吊笼门边缘水平距离不得大于50mm，门栓设置在楼层外侧，防止人员从楼层内侧打开层门。

（9）施工升降机所有标准节连接螺栓均朝上穿设，并采取防松措施。每次顶升加节时，在标准节连接处做好加节标记，便于检查验收，如图4.6-11所示。

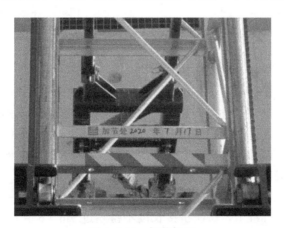
图 4.6-11　加节标记

4.6.8　安装附墙架

（1）在安装附墙架之前先检查附墙架是否满足说明书和方案要求，严禁使用非原厂附墙架，还应检查附墙架附着位置建筑物强度是否满足要求。

（2）先在立柱导轨上安装前附着杆，再安装附墙架，然后调整垂直度，紧固螺栓。穿墙螺栓内外侧均须使用双螺母。

（3）附墙架水平角度不应大于8°，且间距不应大于9m。

（4）每道附墙架安装都必须测量导轨架垂直度，须满足相关规范要求。

4.6.9 安装天轮和对重钢丝绳（带对重的施工升降机）

（1）导轨架安装到所要求的高度后，带对重的施工升降机应在顶部安装天轮，并用钢丝绳悬挂好对重，并调试防松绳限位。

（2）安装对重钢丝绳时绳卡数量不得少于3个，间距和方向应符合钢丝绳使用规定。

（3）吊笼升至上限位最高位置时，对重体离地高度不得小于550mm。

（4）不带对重的施工升降机此步骤安装顶部防撞墩。

4.6.10 安装上部限位碰块

（1）安装上限位、上减速（变频）限位、上极限限位碰块，如图4.6-12所示。

（2）注意上限位和上极限限位开关之间的越程距离应≥0.15m。

（3）安装齿条限位。

图4.6-12 安装上限位、上减速限位、上极限限位碰块

4.6.11 安装电缆导向装置

（1）导向装置分为普通电缆支架和电缆小车式导向装置。

（2）按说明书要求进行安装，固定牢靠。

4.6.12 调节滚轮

使用专业工具，按说明书要求将所有的背轮、滚轮间隙调好以保证吊笼运行平稳。

4.6.13 防雷接地设置

（1）施工升降机安装完成后按要求制作防雷接地，防雷接地电阻值≤4Ω；

（2）接地体中间应设可拆卸断点，并采用电气连接，方便测量电阻值。

4.6.14 安全公示牌

（1）施工升降机安全公示牌应挂设在施工升降机防护棚处，建议尺寸为2000mm×1200mm，如图4.6-13所示。

（2）施工升降机责任公示牌应挂设在吊笼门上，建议尺寸为 1200mm×800mm，如图 4.6-14 所示。

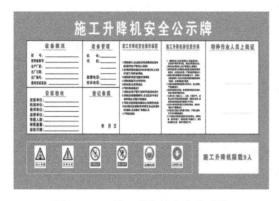

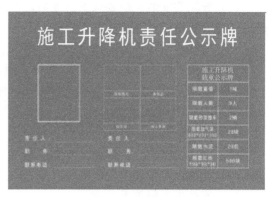

图 4.6-13　施工升降机安全公示牌　　　　图 4.6-14　施工升降机责任公示牌

4.6.15　安全措施

1. 身份识别系统

施工升降机司机身份识别系统（图 4.6-15）可采用指纹识别、人脸识别的方式。司机必须在身份识别成功后方可启动施工升降机。

2. 证件及相关信息

应在施工升降机梯笼内显著位置张贴操作人员操作证件及相关信息。

3. 单开门侧防撞止挡装置（推荐标准）

禁止所有带有驾驶功能的货运电动车进入施工升降机或货用升降机内，手推式助力斗车或板车进入吊笼内必须采取断电措施，并在吊笼单开门侧设置防撞止挡装置（图 4.6-16），防止意外发生。

图 4.6-15　身份识别系统　　　　图 4.6-16　单开门侧防撞止挡装置

4. 灭火器

吊笼内应配备灭火器，并定期对灭火器有效性进行检查，如图 4.6-17 所示。

5. 防砸棚

施工升降机顶部根据需要安装防砸棚，可避免高空坠物对笼顶驱动装置造成损坏，同时便于对标节及齿条的保养及维护，安全高效，如图 4.6-18 所示。

图 4.6-17　灭火器

图 4.6-18　防砸棚

4.6.16　楼层出入平台

（1）适用于需搭设施工升降机出入口架体的项目（普通房建项目、外墙需抹灰）。外架、悬挑外架和施工升降机出入口架体应符合现行行业标准《建筑施工扣件式钢管脚手架安全技术规范》JGJ 130 的要求。

（2）外架方案编制时，应对施工升降机进行选型和定位，外架架体位置需要进行精准定位，并应明确每道升降机附墙架的高度与位置。对于整体式附墙框，若后期不便于安装，应在搭设架体时按说明书规定的间距（约为 9m）套入架体中。

（3）施工升降机出入口架体与外架同步搭设，升降机直接运行至施工层。搭设过程中，应严格控制架体的垂直度与施工升降机门部位架体尺寸。施工升降机出入口架体与两侧脚手架内外排，需处于同一立面，如图 4.6-19、图 4.6-20 所示。

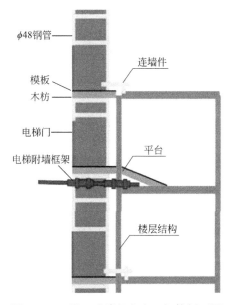

图 4.6-19　施工升降机出入口架体剖面图

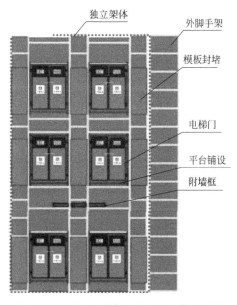

图 4.6-20　施工升降机出入口架体正面图

（4）架体拉结点应独立设置，此架体两端须设置"之"字形横向斜撑。

（5）平台铺设木桥作为背楞，间距不得大于 300mm，铺钉模板形成平台，离升降机笼外边缘距离为 50mm。

（6）施工升降机出入口架体内侧宜挂设高度不低于 1.8m 硬质防护。

4.6.17　定型化出入平台

（1）采用附着升降式脚手架施工的项目使用定型化平台，平台由平台板、平台主框架、斜坡道、施工升降机防护门、施工升降机门附属设施、两侧防护设施等拼装组成。平台主框架采用不小于 14 号工字钢，次梁采用不小于 10mm×10mm（长×宽）的方钢或 12 号工字钢；下部支撑的高度应根据附墙安装空间确定，不宜高于 300mm；钢板厚度不小于 3mm；两防护门之间的空挡应采用硬质防护。

（2）无附墙杆的楼层，可在混凝土结构上直接安装施工升降机防护门及附属设施，施工升降机门贴近地面，去除底部方钢，便于作业人员通行。

（3）定型化防护门在车间制作，定型化出入平台示意图如图 4.6-21 所示。

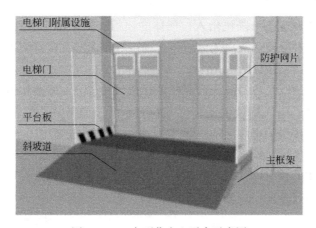

图 4.6-21　定型化出入平台示意图

4.6.18　施工升降机的检测、验收及报验

1. 安装单位自检

安装调试完成后，安装单位应对施工升降机进行全面检查，并出具自检报告。

2. 第三方检测

安装单位自检完成后监督租赁单位进行第三方检测，并留存检测报告；核实检测单位资质应满足要求。

3. 施工升降机的安装验收、报备

检测完成后组织进行施工升降机安装验收；在验收合格后 10 日内到工程所在地县级以上建设行政主管部门办理使用备案登记。

4.6.19　施工升降机的拆除

施工升降机拆除前的准备工作：

（1）按要求上报审批拆除方案。

（2）向政府主管部门办理告知手续。

（3）提前 3 天进行关键作业申请。

（4）道路、场地、电源等应满足安装要求。

（5）对拆除场地周边环境、辅助设备进行检查和警戒。

（6）拆卸前应对施工升降机关键部件进行检查（包括坠落试验），确保各部件完好后方可进行拆卸作业。

（7）对拆除操作人员进行安全教育，并监督安拆单位对其进行安全技术交底。

（8）拆除顺序为安装的逆过程，先安装的后拆除，后安装的先拆除。

4.6.20　安、拆作业注意事项

安、拆作业注意事项：

（1）当遇大雨、大雪、大雾或风力等级超过 4 级时不得进行任何安、拆作业。

（2）不得在夜间进行安、拆作业。

（3）遇意外情况不能安、拆作业时，应使施工升降机各部件处于安全稳定状态。

（4）安、拆作业过程中操作人员和工具、零部件等总载荷不得超过施工升降机说明书中要求的额定安装载重量。

（5）安、拆作业时必须将操作按钮盒放置在吊笼顶部操作，当导轨架或附墙架上有人员作业时，严禁开动施工升降机。

（6）拆卸前必须进行坠落试验，确保防坠安全器正常工作后再进行拆卸作业。

（7）安装或者拆除附墙架时导轨架的自由端高度应始终满足使用说明书要求。

4.6.21　使用过程管控要点

施工升降机能够使用的前提：

（1）通过检测、验收。

（2）安全通道及防护棚满足要求。

（3）呼叫系统和临时照明正常使用。

（4）层门及相关标识标牌完善。

4.6.22　施工升降机的安全管理制度

1. 作业人员基本要求

（1）作业人员必须持住房和城乡建设部门颁发的有效操作证件，且年龄不得超过 55 周岁。

（2）作业人员应身体健康，无影响本工作的残疾。

（3）作业人员无重大违章操作记录。

2. 班前检查要求

（1）检查施工升降机周边环境是否存在影响正常运行的障碍物。

（2）检查各限位装置及安全装置是否灵敏可靠。

（3）各部件连接螺栓和销轴有无松动或缺失。

（4）试运行检查制动是否正常，有无异常响声。

（5）检查呼叫系统是否正常工作，层门是否完好。

3. 作业注意事项

（1）班前检查一切正常后方可进行作业。

（2）载重量不得超过 1t，乘坐人数不得超过 9 人（含司机）。

（3）不得使用行程限位开关作为停止运行控制开关。

（4）严禁酒后作业，工作期间不得有妨碍施工升降机安全运行的行为。

（5）严禁将施工升降机交与非专业操作人员进行操作。

（6）工作时间内不得擅自离开施工升降机，当有特殊情况需离开时，应将吊笼停在最底层，关闭电源并锁好外笼门。

（7）施工升降机在使用过程中，乘坐人员身体任何部位和货物尺寸不得超过吊笼界限，且应使吊笼载荷分布均匀。

（8）使用电动设备运输物料时，进入吊笼内必须切断设备电源。

（9）操作人员应保持笼内干净整洁。

（10）认真填写交接班记录。

（11）下班后将施工升降机停放在最底层，关闭电锁，锁好开关箱和外笼门。

4.6.23 应急处理

应急处理应满足以下要求：

（1）当遇大雨、大雪、大雾、施工升降机顶部风力大于 6 级或导轨架、电缆表面结冰时，不得操作施工升降机。

（2）经大雨、大雪、大风等恶劣天气后应对各安全装置进行全面检查，确认安全有效后方可使用。

（3）运行过程中发现异常应立即停机，直到排除故障后方能继续运行。

（4）在施工升降机运行过程中由于断电或其他原因中途停止无法正常打开层门时，应立即与项目设备管理员联系，不得组织工人翻越。

（5）操作过程中遇工人不遵守使用要求而强行乘载时，应采取停机处理，并立即与项目设备管理员联系，不得与工人发生冲突。

4.6.24 特种作业人员管理

1. 资格审查

（1）按照 3.11.4 中"作业人员基本要求"对新进场特种作业人员进行资格审核。

（2）建立花名册，并收集身份证、操作证件、网上查询记录及工作时的照片。

2. 教育交底

（1）对特种作业人员进行入场安全教育，定期教育培训，每月不得少于一次。

（2）定期对特种作业人员进行安全技术交底，每月不得少于两次。

3. 人员考核

（1）对特种作业人员进行定期考核，落实奖励机制。

（2）将长期认真负责、表现突出的操作人员纳入优秀操作人员库，鼓励服务。

（3）将经常违规操作、不遵守规章制度的操作人员纳入黑名单，不再使用。

4. 人文关怀

（1）关注作业人员心理动态，帮助他们解决工作、生活上的问题。

（2）了解工资发放情况，及时与租赁单位沟通，确保作业人员工资按时发放。

4.6.25 检查

施工升降机的检查：

1. 项目周检

（1）项目设备管理员每周定期对施工升降机进行检查并留存记录。

（2）主要检查施工升降机运行周边环境有无变化，基础有无积水、有无沉降现象，各限位装置和安全装置是否灵敏可靠，附墙和标准节连接螺栓有无松动现象。

2. 月度检查

（1）要求租赁单位每月进行一次的全面检查，检查前告知项目设备管理员。

（2）关键部位留影像资料，检查完成后按检查实际情况填写，并签字留存。

3. 检查整改

对于周检和月检发现的问题以书面形式下发隐患整改通知单，要求租赁单位在规定时间内整改完成，并报项目设备管理员复查。

4. 坠落试验

（1）进入安装或拆除工况时，必须进行一次坠落试验。

（2）施工升降机使用期间，每 3 个月应进行不少于一次的额定载重量坠落试验，坠落试验的方法、时间间隔及评定标准应符合使用说明书和相关国家标准。

（3）试验过程中应留存相关影像资料和试验记录。

4.6.26 维修保养

施工升降机的维修保养：

（1）严禁在施工升降机运行中进行维修、保养作业。

（2）应按使用说明书的规定对施工升降机进行维修、保养，并由专业人员完成。

（3）保养过程中对磨损、破坏程度超过规定的部件，应及时进行维修或更换。

（4）根据使用频率、操作环境和施工升降机状况等因素制订维修保养计划。

（5）每次维修保养完成后，如实填写维修保养记录，对于更换核心零部件（如防坠安全器、驱动电机、控制柜等）应注明出厂时间。

4.7 各类安全教育资料

1. 施工升降机安拆安全教育交底（表 4.7-1）

<h1 style="text-align:center">施工升降机安拆安全教育交底</h1>

表 4.7-1

作业类别：安装□　拆卸□

编号：

工程名称		安拆单位	
施工部位		交底时间	
设备型号		出厂编号	

一般性内容	1. 施工升降机安装(拆卸)必须遵照原厂说明书及有关安装(拆卸)规程；安装(拆卸)人员必须戴安全帽，高空作业人员必须系安全带。工作人员应集中精力，严禁酒后作业，由专人指挥，相互配合，确保施工安全。 2. 安装(拆卸)场地内应设置安全警戒区，禁止非安装(拆卸)人员入内，主要通道要派专人值班监护。 3. 必须将工具、螺栓等零碎物品随手放入工具包内，严禁上下抛掷工具、螺栓等零碎物品，避免高空坠物。 4. 安装两节标准节后，在两个方向调整垂直度，其垂直度偏差不得超过 1/1000，再将平衡重、梯笼就位，安装高度超过 6m 必须进行附墙，最大自由端高度不超过允许范围。 5. 吊笼安装(拆卸)时一定要平稳，沿导轨架上移时应轻缓，避免造成较大冲击导致齿轮齿条损伤。 6. 在笼顶作业时，必须将笼顶按钮盒上的电源开关扳至"总停"位置，以防误操作。 7. 加节时用于顶升的吊笼应始终略高于另一吊笼，点动升降，不得误操作。 8. 每次启动吊笼前，应先检查运行轨道是否畅通。加节吊笼运行时，吊笼上最多只允许放两节标准节，吊笼载荷不允许超过额定安装载重量。工作人员身体的任何部位都不能超出安全栏杆，如有人在笼顶、导轨架或附墙架上工作，不允许开动施工升降机，吊笼运行时，严禁有人进入防护栏。 9. 在风速超过 13m/s 和下雨等恶劣天气时不得进行安装(拆卸)工作。 10. 工完场清，清洁环境，将需用的配件用箱装好备用，其他废油及报废配件拣拾好按类统一处理

施工现场针对性交底	危险因素	酒后作业、高空坠落、物体打击、违反安全操作规程、不按照规定穿戴安全防护用品、启动时没注意周围的工作人员所在的位置、垂直度偏差过大、基础未固定等
	防范措施	遵守安全操作规程、高空作业系好安全带、戴好安全帽、零碎物品用容器装、禁止上下抛掷零碎物品、由专人统一指挥、基础必须固定牢固之后才可以进行施工升降机安装加标准节等
	应急措施	按照项目制定的应急预案
	现场注意事项	1. 注意施工升降机基础位置与楼层外架距离。 2. 施工升降机螺栓从下往上穿。 3. 施工升降机附墙位置符合要求。 4. 现场操作工注意劳保用品佩戴，注意现场天气变化

交底人签名	
总包单位安全员		专业分包单位安全员	
接受交底人签名	

72

2. 施工升降机操作人员安全技术交底（表 4.7-2）

施工升降机操作人员安全技术交底   表 4.7-2

工程名称			施工单位	
出租单位			交底时间	
一般性 内容		1. 施工升降机操作人员要持证上岗,熟悉施工升降机的基本原理、性能,能理解和运用制定的安全操作 规程。 2. 在维修保养期间不得使用升降机,当风速超过 13m/s 及恶劣天气下不得操作升降机。 3. 当轨道及电缆上面有冰雪时,不得开动升降机。 4. 严禁超载运行(限载 9 人),所运货物不得超出吊笼,吊笼及配重运行轨道上应无障碍物。 5. 在班前要对施工升降机进行检查,检查限位装置、冒顶装置、急停装置等是否安全可靠,当护栏、导轨架、 附着架、笼顶上面有人操作时,不得开动升降机。 6. 运行前要拆除笼顶吊杆,不允许吊杆带载运行,底盘吊杆要用插销锁定。 7. 除驾驶员外,司机室内不得运载人或货物。 8. 笼内操作时,笼顶禁止站人,对双速升降机,笼顶操作时,只能以低速运行。 9. 发现故障或危险时,应立即报告安全负责人,排除之前不得开动升降机。 10. 施工升降机必须做定期日常检查、保养,班前要做好例行检查工作。 11. 施工升降机上有灭火器,注意防火,基础、笼内垃圾经常统一处理,注意升降机清洁及环境卫生。 12. 施工升降机润滑、保养过程中产生的油污应清除干净。 13. 司机离开时必须关闭电源,锁好防护门。 14. 司机负责确保楼层防护门关闭		
施工现 场针对 性交底	危险因素	1. 操作人员酒后、带病上岗。 2. 操作人员未佩戴安全防护用品。 3. 操作人员无证上岗。 4. 操作人员在大雾大风天气下作业。 5. 在转运材料时出现超载现象		
	防范措施	1. 操作人员遵守安全操作规程,严禁酒后、带病作业。 2. 操作人员必须佩戴安全防护用品。 3. 操作人员无证及证件不符合规定的禁止入场。 4. 在大雾大风天气下施工升降机暂停作业。 5. 定期对施工升降机司机进行安全交底培训,提高操作水平及安全意识		
	应急措施	按照项目制定的应急预案		
交底人签名				
总包单位安全员			租赁单位现场负责人	
接受交底 人签名				

3. 起重设备关键作业申请表（表4.7-3）

起重设备关键作业申请表　　　　　　　　　　　　表 4.7-3

工程名称			关键作业内容			
设备型号		安装高度		设备现场编号	监管层级	
计划作业时间				申请人		

	主要内容		落实情况	核验人
1	专项施工方案	按要求编制专项施工方案,进行审核、审批,超过一定规模的分部分项工程,应组织专家审核论证		
2	技术交底	组织施工单位进行安全技术交底,掌握施工要点,明确施工过程中存在的危险因素、安全控制重点		
3	安全教育	关键作业施工前,组织施工人员进行专项教育培训,重点是危险作业注意事项、应急措施等		
4	作业点或作业面安全措施落实情况	作业点或作业面安全防护设施或警戒措施应完好、齐全、有效;各类监测、检查、验收应按方案要求实施		
5	总包及分包单位人员旁站情况	关键作业应根据作业规模明确总、分包单位具体责任人,进行施工现场旁站监督		

项目部意见：

项目经理签字：　　　　　　　　　　　　　　　　　日期：

分公司意见：

分管领导签字：　　　　　　　　　　　　　　　　　日期：

公司意见：

分管领导签字：　　　　　　　　　　　　　　　　　日期：

4. 施工升降机基础验收表（表 4.7-4）

施工升降机基础验收表

表 4.7-4

工程名称		工程地址	
使用单位		安装单位	
设备型号		备案登记号	

序号	检查项目	检查结论 （合格√、不合格×）	备注
1	地基承载力		
2	基础尺寸偏差(长×宽×高)(mm)		
3	基础混凝土强度报告		
4	基础顶部标高偏差(mm)		
5	预埋螺栓、预埋件位置偏差(mm)		
6	基础周围排水措施		
7	基础表面平整度		
8	基础周边与架空输电线安全位置		

其他需要说明的内容：

总承包单位		参加人员签字	
使用单位		参加人员签字	
安装单位		参加人员签字	
监理单位		参加人员签字	

验收结论：

施工总承包单位(盖章)

年　　月　　日

注：1. 本表在设备进场安装前填写，验收合格后无需更新。2."备注"栏填实测数据或附相关报告。

75

5. 施工升降机安装前零部件检查表（表4.7-5）

施工升降机安装前零部件检查表　　　　　　　表4.7-5

工程名称		施工单位	
施工地点		工地负责人	
检验项目及要求		检验结果	
金属结构件	钢结构齐全、无丢失、无变形、无开焊、无裂纹，结构表面无严重锈蚀，油漆无大面积脱落		
机构传动	减速机、卷扬机、制动器制动性能良好，有手动松闸功能		
防护装置	转动零部件的外露部分应有防护罩等防护装置		
防坠安全器	在有效标定期限内	出厂时间为：___年___月___日，在一年有效期内	
钢丝绳	完好无断股，断丝不超过规范要求		
导向轮及背轮	连接牢靠、润滑良好、导向灵活		
安全装置	各限位装置、保险装置齐全、牢固、动作灵敏		
电气	电缆无破损、控制开关无损坏、无丢失、开关灵敏		
油料	各部位油箱油量、油质符合本机说明书要求，油路畅通无泄漏、堵塞现象		
其他部件	齐全，无损坏、丢失		
验收结论	施工升降机安装技术负责人： 年　月　日	设备管理人员： 年　月　日	

6. 施工升降机定期防坠落试验记录表（表 4.7-6）

施工升降机定期防坠落试验记录表 表 4.7-6

工程名称		试验单位	
设备型号		出厂编号	

坠落试验交底内容：

1. 防坠安全器的防坠落试验应严格按照使用说明书的要求进行。
2. 在吊笼中加载额定载重货物。
3. 切断地面电源箱的总电源。
4. 将坠落试验按钮盒的电缆插头，插入吊笼上电气控制箱底部的坠落试验插座中。
5. 把试验按钮盒的电缆固定在吊笼上电气控制箱附近，在确保坠落试验时电缆不会被挤压或卡住的前提下，将按钮盒拉到地面。
6. 撤离吊笼内所有人员，同时关上全部吊笼门和围栏门。
7. 合上地面电源箱中的主电源开关。
8. 按下试验按钮盒标有上升符号的按钮，驱动吊笼上升到离地面约 10m 的高度。
9. 按下试验按钮盒标有下降符号的按钮，并一直按住，此时吊笼下坠。
10. 当吊笼下坠速度达到防坠安全器临界速度时，防坠安全器动作，将吊笼刹住，此时吊笼离地面大约 3m 以上。
11. 与此同时防坠安全器内部电气微动开关动作，切断电源，操作吊笼上下均不能启动。
12. 进行防坠安全器复位前的检查，各项检查无误后，切断地面电源的总电源。
13. 对防坠安全器进行复位操作。
14. 接通地面电源箱的总电源。
15. 驱动吊笼上升约 20cm，使防坠安全器离心块复位。
16. 此时吊笼应能投入正常使用

坠落试验结果： A 笼：____m； B 笼：____m

试验单位：	总承包单位：	监理单位：
试验人：	设备管理员：	监理工程师：
年 月 日	年 月 日	年 月 日

7. 设备垂直度测量表（表 4.7-7）

设备垂直度测量表　　　　　　　　　　　　　　　　表 4.7-7

施工升降机	设备型号		测量仪器	名称	
	出厂编号			型号	
	自身高度			竖直角	
	测点高度			送检日期	

( )mm ( )mm

( )mm

( )mm

建筑物：

中心线垂直度：　　　　　；　　　　　垂直度为：

测量人员签字：　　　　　　　　　　　　　　　　　　　　　　　年　　　月　　　日

注：1. 本表在施工升降机安装验收时和每次加节后进行测量并将测量数据填入相应验收表格内。2. 在没有加节的
　　情况下每月测量一次。

8. 施工升降机安装验收表（表4.7-8）

施工升降机安装验收表

表4.7-8

工程名称				工程地址		
设备型号				备案登记号		
设备生产厂家				出厂编号		
出厂日期				安装高度		
安装负责人				安装日期		
检查结果说明		合格(√)、整改后合格(○)、不合格(×)、无此项(无)				
检查项目	序号	内容和要求			检查结果	备注
主要部件	1	导轨架、附墙架连接安装齐全、牢固,位置正确				
	2	螺栓拧紧力矩达到技术要求,开口销完全撬开				
	3	导轨架安装垂直度满足要求				
	4	结构件无变形、无开焊、无裂纹				
	5	对重导轨符合使用说明书要求				
传动系统	6	钢丝绳规格正确,未达到报废标准				
	7	钢丝绳固定和插编符合标准要求				
	8	各部位滑轮转动灵活、可靠,无卡阻现象				
	9	齿条、齿轮符合标准要求,保险装置可靠				
	10	各机构转动平稳、无异常响声				
	11	各润滑点润滑良好、润滑油牌号正确				
	12	制动器、离合器动作灵活可靠				
电气系统	13	供电系统正常,额定电压偏差≤±5%				
	14	接触器、继电器接触良好				
	15	仪表、照明、报警系统良好可靠				
	16	操作、控制装置动作灵活、可靠				
	17	各电气安全保护装置齐全、可靠				
	18	电气系统对导轨架的绝缘电阻应≥0.5MΩ				
	19	接地电阻应≤4Ω				
安全系统	20	防坠安全器应在有效标定期限内				
	21	防坠安全器灵敏可靠				
	22	超载保护装置灵敏可靠				
	23	上、下限位开关灵敏可靠				
	24	上、下极限限位开关灵敏可靠				
	25	急停开关灵敏可靠				
	26	安全钩完好				
	27	额定载重量标牌牢固清晰				
	28	地面防护围栏门、吊笼门机电连锁灵敏可靠				

检查项目	序号	内容和要求		检查结果	备注
试运行	29	空载	双吊笼施工升降机应分别对两个吊笼进行试运行,试运行中吊笼启动、制动正常、运行平稳,无异常现象		
	30	额定载重量			
	31	125%的额定载重量			
坠落试验	32	吊笼制动后,结构及连接件应无任何损坏或永久变形,且制动距离应符合要求			

验收结论:

总承包单位(盖章):　　　　　　　　　　　　　　　验收日期:　　　　年　　月　　日

总承包单位		参加人员签字	
使用单位		参加人员签字	
安装单位		参加人员签字	
监理单位		参加人员签字	
租赁单位		参加人员签字	

注:本表在施工升降机安装单位自检合格后,由项目部设备管理员组织各单位(含分包单位)进行联合验收,验收合格后报分公司验收。

9. 施工升降机加节检验记录表（表 4.7-9）

施工升降机加节检验记录表   表 4.7-9

工程名称			安装单位			
安装部位			加节负责人			
规格型号		设备编号		原高度(m)		加节后高度(m)	
项目	内容和要求					结果
加节之前检查	标准节数量和型号是否正确					
	标准节是否开焊、变形和裂纹					
	滚轮转动是否灵活、与标准节的间隙是否合适					
	安装前导轨架的垂直度是否超过 1.5/1000					
	各转动机构是否平稳，有无异常响声					
加节之后检验	标准节连接是否牢固可靠					
	安装后导轨架的垂直度是否超过 1.5/1000					
	安装后齿条阶差偏差是否小于 0.5mm					
	自由端高度是否小于 7.5m					
	加节部分标准节附墙杆安装是否牢固可靠					
验收结论						
验收签字	机长： 安全工程师： 机械工程师： 使用单位负责人： 　　　　　　　　　　　　　　　　　年　　月　　日					

注：1. 本表在施工升降机每次加节后进行验收。2. 每次验收记录中的"原高度"须与上一次加节验收记录中的"加节后高度"一致。

10. 施工升降机关键作业旁站监督核验表（表 4.7-10）

施工升降机关键作业旁站监督核验表
表 4.7-10

工程名称				作业阶段	□安装/□附着加节/□拆除	
设备型号			现场设备编号		监管层级	
核验内容及要求					核验结果及签字	责任岗位
准备阶段	1	特种设备制造许可证、产品合格证、制造监督检验证明(2008~2014 年)、说明书，核验产权单位与租赁单位资质一致性				■◎
	2	外观质量符合要求(填写进场验收记录表)，设备年限是否满足要求				■◎
	3	基础/安装/拆卸方案编制、审核、审批、专家论证符合要求				▲□
	4	安装/拆除向政府主管部门办理告知手续，且手续齐全				■◎
	5	关键作业申请是否按要求审批				■
	6	施工升降机基础的定位、尺寸、混凝土强度、排水措施等符合要求，地脚螺栓不得采用植筋方式；基础设置于地下室顶板或回填土面上要有专项回顶/防沉降措施，所有形式基础均需编制专项施工方案				▲□
	7	签订安全管理协议书、安拆协议				■◎
	8	安装/拆卸/附着加节单位资质符合要求，安装、拆卸作业人员、起重机司机、信号工、汽车起重机司机等特种作业人员证件符合要求				■◎
	9	安装/拆卸汽车起重机型号与方案相符，场地平整，基础牢靠，吊具(钢丝绳、卡环)符合要求；如将现场塔式起重机作为辅助设备时，应核验相关塔式起重机起重量是否满足方案要求				■◎
	10	安装/拆卸/附着加节前对周边环境、设备检查、警戒				■◎
	11	安装/拆卸/附着加节前安全教育(安拆人员、塔式起重机司机、司索工、信号工、汽车起重机司机、其他人员)				●□
	12	安装/拆卸/附着加节前安全技术交底(安拆人员、塔式起重机司机、司索工、信号工、汽车起重机司机、其他人员)				■◎
	13	安装/拆卸/附着加节人员防护用品佩戴符合要求				■◎
	14	施工升降机安装/拆卸/附着加节作业宜连续进行，当遇特殊情况作业不能继续时，须采取措施保证施工升降机处于安全状态				■
安装阶段	1	底架安装(测量底架与标准节固定部位标高，确保误差在允许范围内)→标准节安装(安装 3~4 节标准节后，测量导轨架的垂直度，确保误差在允许范围内，**留影像资料**)→在首层进料口安装原装围栏→安装吊笼→安装驱动板→调节刹车→加节→加附墙→加节→安装无齿节→安装顶部防撞墩				■
	2	附墙夹角不大于±8°，附墙方式严格按方案实施，附墙间距、型号严格按照说明书实施				■
	3	顶端自由高度不超过 7.5m				■
	4	导轨架垂直度应满足《建筑施工升降机安装、使用、拆卸安全技术规程》JGJ 215—2010 规范要求				■
	5	保护装置：外门机械连锁完好，单开门机械连锁完好，安全钩按要求安装；防坠安全器使用年限在 5 年内，年检有效，按要求进行坠落试验，**留影像资料**				■
	6	限位开关：外笼门限位、吊笼单开门限位、双开门限位、天窗限位、上下行程限位、上下极限限位、减速限位(变频)、齿条限位安装调试到位并符合说明书要求				■

核验内容及要求			核验结果及签字	责任岗位
附着加节阶段	1	标准节、连接螺栓、附着架(包括斜撑杆)、穿墙螺栓、垫片、销轴等零部件是否满足出厂设计要求;附墙架型号在说明书范围内的,必须严格按说明书执行,说明书中型号满足不了使用要求需重新加工的,加工厂家必须附相关设计计算说明		■△
	2	附着前须检查建筑物被附着部位混凝土(或钢构)强度是否满足要求,新加标准节螺栓是否紧固到位,附着间距是否满足说明书要求		■△
	3	加节前应检查附着架各部件连接螺栓、销轴是否按要求安装紧固到位,电缆长度是否满足加节要求		■
	4	加节完成后检查上行程限位、上极限限位、上减速限位(变频)、齿条限位是否安装调试到位,无齿节、防撞墩是否安装到位		■
	5	每次附着完成后对导轨架垂直度进行测量,留影像资料		■
拆除阶段	1	拆除前核验现场路线及汽车起重机占位是否与方案相符,回顶加固措施是否到位		■△
	2	按照以下步骤进行拆除作业:拆除顶部限位挡块→拆除无齿节和防撞墩→拆除标准节→拆除附着架→拆除标准节→拆除底部限位挡块,缓慢将吊笼开至最低位置→将驱动板与吊笼分离→拆除驱动板→拆除电缆→拆除吊笼→拆除剩余标准节、底座、外围栏		■
	3	拆除附墙架时应搭设临时操作平台,并要求使用安全带,不得站在附墙架上操作;吊运附墙架时必须将穿墙螺栓取下		■◎
	4	拆除过程中每个吊笼顶部放置标准节不得超过2个		■
	5	驱动板与标准节同时拆除吊运时,必须将驱动电机刹车锁紧		■

项目部意见:

项目负责人签字: 日期:

上级部门意见	(□分公司/□公司)安全部门: 日期:	(□分公司/□公司)技术部门: 日期:	(□分公司/□公司)设备部门: 日期:

注:1. 以上内容仅限于旁站监督重点工作,其他事项及工作环节按照《建筑施工升降机安装、使用、拆卸安全技术规程》JGJ 215—2010及安装说明书严格执行。2. 核验内容及要求由项目设备(□)、技术(△)、安全(◎)进行分工督导到位,**标识加黑的为主责部门,若准备阶段的内容未完成,不得进入安装/拆除阶段**。

11. 施工升降机司机交接班记录表（表 4.7-11）

施工升降机司机交接班记录表　　　　　　表 4.7-11

设备名称		统一编号		使用单位		班长		月：
日期	交班人	接班人	交接时间	保养情况	附属工具情况	任务情况	机械情况	注意情况
1　Ⅰ班								
Ⅱ班								
Ⅲ班								
2　Ⅰ班								
Ⅱ班								
Ⅲ班								
3　Ⅰ班								
Ⅱ班								
Ⅲ班								
4　Ⅰ班								
Ⅱ班								
Ⅲ班								
5　Ⅰ班								
Ⅱ班								
Ⅲ班								
6　Ⅰ班								
Ⅱ班								
Ⅲ班								
7　Ⅰ班								
Ⅱ班								
Ⅲ班								
8　Ⅰ班								
Ⅱ班								
Ⅲ班								
9　Ⅰ班								
Ⅱ班								
Ⅲ班								
10　Ⅰ班								
Ⅱ班								
Ⅲ班								

12. 施工升降机安全技术月度巡查表（表4.7-12）

施工升降机安全技术月度巡查表 表4.7-12

工程名称			工程地址			
设备型号			备案登记号			
设备生产厂家			出厂编号			
出厂日期			安装高度			
安装负责人			安装日期			
检查结果说明		合格（√）、整改后合格（○）、不合格（×）、无此项（无）				
名称	序号	检查项目	要求		结果	备注
标志	1	统一编号牌	应设置在规定位置			
	2	警示标志	吊笼内应有安全操作规程,操作按钮及其他危险处应有醒目的警示标志,施工升降机应设限载和楼层标志			
基础和维护设施	3	地面防护围栏门机电联锁保护装置	应装机电联锁装置,吊笼位于底部规定位置地面防护围栏门才能打开,地面防护围栏门开启后吊笼不能启动			
	4	地面防护围栏	基础上吊笼和对重升降通道周围应设置防护围栏,地面防护围栏高≥1.8m			
	5	安全防护区	当施工升降机基础下方有施工作业区时,应加设防对重坠落伤人的安全防护区及其安全防护措施			
	6	电缆收集筒	固定可靠、电缆能正确导入			
	7	缓冲弹簧	应完好			
金属结构件	8	金属结构件外观	无明显变形、脱焊、开裂和锈蚀			
	9	螺栓连接	紧固件安装正确,紧固可靠			
	10	销轴连接	销轴连接定位可靠			
	11	导轨架垂直度	架设高度h(m) $h\leqslant70$ $70<h\leqslant100$ $100<h\leqslant150$ $150<h\leqslant200$ $h>200$ / 垂直度偏差(mm) $\leqslant(1/1000)h$ $\leqslant70$ $\leqslant90$ $\leqslant110$ $\leqslant130$ 对钢丝绳式施工升降机,垂直度偏差应$\leqslant(1.5/1000)h$		实测数据为—— 	
吊笼及层门	12	紧急逃离门	应完好			
	13	吊笼顶部护栏	应完好			
	14	吊笼门	开启正常,机电联锁有效			
	15	层门	应完好			
传动及导向	16	防护装置	转动零部件的外露部分应有防护罩			
	17	制动器	制动性能良好,手动松闸性能正常			
	18	齿轮齿条啮合	齿条应有90%以上的计算宽度参与啮合,与齿轮的啮合侧隙应为0.2~0.5mm			
	19	导向轮及背轮	连接及润滑应良好、导向灵活、无明显倾覆现象			
	20	润滑	无漏油现象			

名称	序号	检查项目	要求	结果	备注
附着装置	21	附墙架	应采用配套标准产品		
	22	附着间距	应符合说明书要求		
	23	自由端高度	应符合说明书要求		
	24	与建筑物连接	应牢固可靠		
安全装置	25	防坠安全器	应在有效标定期限内		
	26	防松绳开关	应有效		
	27	安全钩	应完好有效		
	28	上限位	安装位置:提升速度小于0.8m/s时,留上部安全距离应大于1.8m;提升速度大于0.8m/s时,留上部安全距离应大于$1.8+0.1v^2$m		
	29	上极限位开关	极限限位开关应为非自动复位型,动作时能切断总电源,动作后须手动复位才能使吊笼启动		
	30	下限位	应完好有效		
	31	越程距离	上限位和上极限限位开关之间的越程距离应$\geqslant$0.15m		
	32	下极限限位开关	应完好有效		
	33	紧急逃离门安全开关	应有效		
	34	紧停开关	应有效		
电气系统	35	绝缘电阻	电动机及电气开关的对地绝缘电阻应$\geqslant$0.5MΩ,电气线路对地的绝缘电阻应$\geqslant$1MΩ		
	36	接地保护	电动机和电动机金属外壳均应接地,接地电阻应$\leqslant$4MΩ		
	37	失压零保护	应有效		
	38	电气线路	排列整齐,接地、零线分开		
	39	相序保护装置	应有效		
	40	通信联络装置	应有效		
	41	电缆与电缆导向	电缆完好无破损,电缆导向架按规定设置		
对重和钢丝绳	42	钢丝绳	应规格正确,且未达到报废标准		
	43	对重导轨	接缝平整,导向良好		
	44	钢丝绳端部固结	应固结可靠,绳卡规格应与钢丝绳直径匹配,数量不得少于3个,间距不小于绳径的6倍,滑鞍应放在受力一侧		

检查结论:

租赁单位检查人签字:　　　　　　　　　使用单位检查人签字:

　　　　　　　　　　　　　　　　　　　　　　　　日期:　　年　　月　　日

5 汽车起重机与履带起重机

>>>

5.1 概述

5.1.1 汽车起重机概念

汽车起重机的概念是把汽车和吊机相结合，可以自行行驶，不用组装即可工作，如图5.1-1所示。

图 5.1-1 汽车起重机实物图

1. 优点

方便灵活，工作效率高，转场快，提高工作效率。

2. 缺点

受地形限制，大型设备（1000～2000t）不能完成（最大吨位 1200t）。

5.1.2 工作原理

在起重臂里边有一个转动卷筒，上面绕钢丝绳，钢丝绳通过在下一节臂顶端的滑轮，将上一节起重臂拉出，以此类推。缩回时，卷筒倒转回收钢丝绳，起重臂在自重作用下回缩。这个转动卷筒采用液压电机驱动，因此能看到两根油管，但别误认为是油缸。

另外，有一些汽车起重机的伸缩臂内安装有套装式的柱塞式油缸，但此种应用极为少见。因为多级柱塞式油缸成本昂贵，而且起重臂受载时会发生弹性弯曲，对油缸寿命影响很大。

5.2 型号及参数分类

5.2.1 型号分类

1. 按臂架系统分类

（1）桁架起重臂（固定桁架臂和可变桁架臂）。

（2）液压伸缩臂。

2. 按传动系统分类

（1）机械传动式。

（2）液压传动式

（3）电力传动式。

（4）电力-液压传动式。

3. 按起重量分类

（1）小型：起重量在 15t 以下。

（2）中型：起重量在 16～25t 以内。

（3）大型：起重量在 26t 以上。

5.2.2 型号说明

型号说明如图 5.2-1 所示。

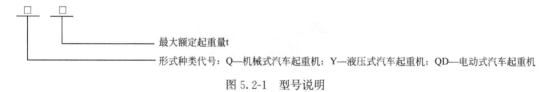

图 5.2-1　型号说明

5.2.3 参数分析

1. 起重量 G_n

起重量是起重机安全起升物品的质量，单位为 t。对于流动式起重机来说，其额定起重量是随幅度而变化的，标牌上标定的起重量值是最大额定起重量，指基本臂处于最小幅度时的最大起重量。

2. 幅度 L

幅度是起重机置于水平场地时，吊具垂直中心线至回转中心线之间的水平距离，单位为 m。它的臂架长度与臂架仰角的函数，在臂架长度一定时，仰角越大，幅度越小。有效幅度是指使用支腿侧向工作时，吊具垂直中心线至侧支腿中心线的水平距离。当轮胎起重机幅度小于支腿跨距一半时，作业无法进行。

3. 起重力矩 M

起重力矩是汽车起重机的起重特性指标，单位为 N·m，为起重量和相应工作幅度的乘积。

4. 起升高度 H

起升高度是吊具上升到最高极限位置时，吊具中心至地面的垂直距离，单位为 m。当臂架长度一定时，起升高度随幅度减少而增加。

5. 工作速度 v

（1）起升速度：

起升机构在稳定运行状态下，吊额定载荷的垂直位移速度，单位为 m/min。为降低功率，减少冲击，起重机的起升速度应取较低值。

（2）变幅速度：

它是变幅机构在稳定运动状态下，在变幅平面内吊挂最小额定载荷，从最大幅度至最小幅度的水平位移平均速度，单位为 m/min。有时用最大幅度到最小幅度的时间表示。变幅速度对起重平稳性和安全性影响较大，平均速度 15m/min。

（3）旋转速度：

旋转机构在稳定运行状态下，驱动起重机转动部分的回转角速度，单位为 r/min。受到旋转启制动惯性力的限制，旋转速度不能过大，一般在 3r/min 左右，回转半径增大，旋转速度相应降低。

（4）行走速度：

在道路上行驶状态下，流动式起重机的平稳运行速度、单位工作场地转移速度要快，汽车起重机行走速度较高。

5.3 安全装置

5.3.1 起重量限位器

可使起吊的重物重量不超过规定值，有机械式和电子式两种。机械式利用弹簧-杠杆原理；电子式通常由压力传感器检测起吊重量，超过允许起重量起升机构便不能启动。

5.3.2 起重力矩限制器

可以使臂架型起重机的起重力矩（起重物的重力和幅度的乘积）不超过规定值，能同时接收起重量变化信号和幅度变化信号。两种信号经电子仪器组合运算并放大后与起升和变幅机构实现电气联锁，以防止起重机翻倒。

5.3.3 超高限位器

装在臂杆端部滑轮组上限制钩头起升的高度，防止发生过卷扬事故的安全装置。它保证吊钩起升到极限位置时，能自动发出报警信号或切断动力源停止起升，以防过卷。

5.4 过程管控要点

5.4.1 作业环境要求

（1）工作场地允许风速不大于 6 级。支撑地面应坚实，对于支撑地面较软区域应先垫置枕木或钢板，确保作业过程中支撑地面不得下陷。就位位置应能确保支腿全伸，禁止使用半支腿。

（2）工作时，整车倾斜度不大于1‰。

（3）作业状态下应保证轮胎离地。

（4）观察现场作业环境周围是否有障碍物、起重机械等交叉作业，与高压输电线路沟渠、基坑的距离应满足规范要求。

5.4.2 设备检查要点

1. 吊钩检查要求

（1）吊钩（图5.4-1）的状态完好，无裂纹、无磨损过度、无变形等。

（2）用手转动时，应能灵活转动无卡死现象。

（3）防脱钩装置应灵敏有效。

2. 主钢丝绳检查要求

（1）主钢丝绳（图5.4-2）排列整齐，润滑良好，无断丝断股现象，防脱槽装置完好。

（2）吊装钢丝绳应能满足吊装需求，无断丝断股现象，插编长度应≥20d 且不小于30cm。

图5.4-1　吊钩

图5.4-2　主钢丝绳

3. 液压系统检查要求

液压系统（图5.4-3）应无裂纹、无漏油、无渗油现象。

4. 起重量限位器检查要求

起重量限位器（图5.4-4）应灵敏有效，当超过允许的起重量时起升机构便不能启动。

图5.4-3　液压系统

图5.4-4　起重量限位器

5. 超高限位器检查要求

（1）超高限位器（图 5.4-5）应灵敏有效，碰到时上升动作应能停止。

（2）电源线接触良好，限位器无损坏，无失效。

图 5.4-5　超高限位器

5.4.3　操作严禁事项分析

操作严禁事项分析如表 5.4-1 所示。

操作严禁事项分析　　　　　　　　　　　表 5.4-1

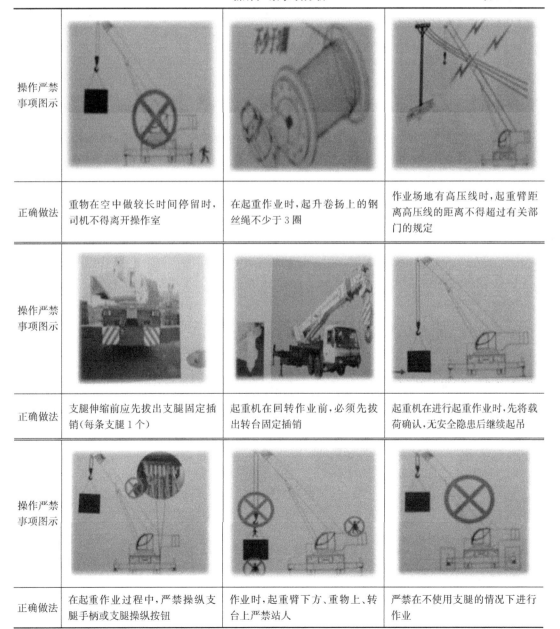

操作严禁事项图示		
正确做法	正确做法	正确做法
重物在空中做较长时间停留时，司机不得离开操作室	在起重作业时，起升卷扬上的钢丝绳不少于 3 圈	作业场地有高压线时，起重臂距离高压线的距离不得超过有关部门的规定
操作严禁事项图示		
正确做法	正确做法	正确做法
支腿伸缩前应先拔出支腿固定插销（每条支腿 1 个）	起重机在回转作业前，必须先拔出转台固定插销	起重机在进行起重作业时，先将载荷确认，无安全隐患后继续起吊
操作严禁事项图示		
正确做法	正确做法	正确做法
在起重作业过程中，严禁操纵支腿手柄或支腿操纵按钮	作业时，起重臂下方、重物上、转台上严禁站人	严禁在不使用支腿的情况下进行作业

操作严禁事项图示	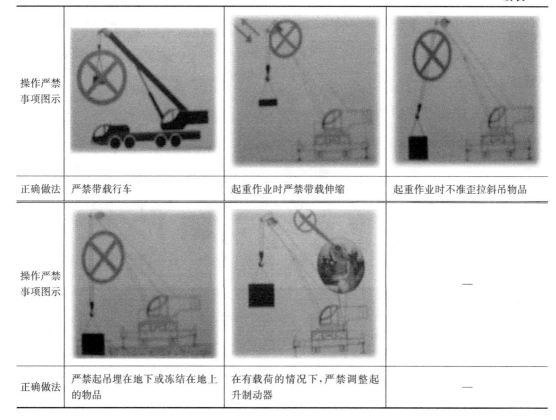	
正确做法	严禁带载行车	起重作业时严禁带载伸缩	起重作业时不准歪拉斜吊物品
操作严禁事项图示			—
正确做法	严禁起吊埋在地下或冻结在地上的物品	在有载荷的情况下,严禁调整起升制动器	—

5.5 安全操作规程

5.5.1 起重机启动前,检查车辆的油、水、气、电

1. 潜在危险或危害

如发动机缺油、缺水、缺电、少气,车辆在长时间运行过程中容易发生故障,失去动力,发生方向制动失灵,造成事故。

2. 控制措施或作业标准

(1) 发动机变速箱按标准加注机油;液压油箱加满液压油。

(2) 水箱里面加满水。

(3) 产品车在起步前,气路应达到设计气压,轮胎气压应符合设计要求。

(4) 电瓶电压不低于 24V。

5.5.2 车辆启动前,检查车上车下是否有人有物

1. 潜在危险或危害

(1) 因为没有关机棚门在行驶过程中容易发生刮擦事故。

(2) 因上下车有人,在车辆启动和行驶过程中,容易对人员产生伤亡事故。

（3）如车下有物，在车辆行驶过程中容易压损物件。

2. 控制措施或作业标准

车辆启动前，应对车辆检查一圈，看机棚门是否关闭，车上车下是否有人有物。启动车前应先鸣笛。

5.5.3 车辆行驶前，固定吊钩

1. 潜在危险或危害

车辆处于悬挂的最高或最低位置时，传动轴旋转容易损坏气管和电线，使在行驶中的车辆失去控制，容易造成车辆损坏和人员伤亡事故。

2. 控制措施或作业标准

车辆在起步前应将车辆进行自动调平，不能处于悬挂的最高或最低位置。

5.5.4 起重机在行驶前，收回支腿脚板

1. 潜在危险或危害

车辆在行驶时，如未将支腿脚板收回，造成车辆超宽，在行驶中因驾驶员存在视觉误差，容易发生刮擦事故。

2. 控制措施或作业标准

车辆在行驶前，应将4个支腿脚板收回，安装在支腿脚板固定支架上。

5.5.5 起重机在行驶前，活动支腿插支腿固定销

1. 潜在危险或危害

如活动支腿不插支腿固定销，车辆在转弯过程中，活动支腿容易抛出，容易造成物损和伤人事故。

2. 控制措施或作业标准

产品车在行驶前，应将4条活动支腿插上支腿固定销。

5.5.6 车辆行驶时，固定操纵室

1. 潜在危险或危害

带摆转机构的操纵室，在行驶过程中，如摆转油缸内少液压油或无液压油，在未插摆转操纵室固定销的情况下，转弯过程中容易摆出，发生事故。

2. 控制措施或作业标准

（1）在行驶前来回摆动操纵室，给摆转油缸充油。

（2）在行驶过程中操纵室插上固定销。

（3）长途行驶中，操纵室底下应垫枕木，防止操纵室上下晃动，造成变形。

5.5.7 驾驶前车况检查

1. 潜在危险或危害

道路上车辆众多，容易发生交通事故。

2. 控制措施或作业标准

（1）车辆上无散落零件、无易燃物。

（2）支腿应锁好、吊臂应放到位。

（3）机棚门、操纵室门应关闭锁紧。

（4）制动器应完好有效。

5.5.8 厂区内行驶

1. 潜在危险或危害

因厂区内车辆存放众多，道路狭窄，容易发生刮擦事故。

2. 控制措施或作业标准

（1）产品车在厂区行驶时，应按正确的路线图行驶。

（2）产品车在厂区内行驶时，转弯行使速度不超过 5km/h，直线行驶速度不超过
20km/h。

5.5.9 厂外跑车测试

1. 潜在危险或危害

道路上车辆众多容易发生交通事故。

2. 控制措施或作业标准

（1）恶劣天气不进行跑车、道路试车作业。

（2）按规定路线行驶。

（3）严禁闯红灯，遵守交通规则。

（4）0～50km 需停车检查车辆轮胎温度及其他零部件异常。

（5）50km 需停车检查油管及其他零部件异常。

（6）除自带灭火器外，道路试车作业必须另外备 4kg 以上有效的灭火器 2～4 个。

5.5.10 倒车时，要有专人指挥

1. 潜在危险或危害

车辆在倒车过程中，因存在盲区，容易造成撞人或撞物事故。

2. 控制措施或作业标准

（1）应打开倒车显示屏。

（2）倒车时应有专人指挥。

5.5.11 车辆加油

1. 潜在危险或危害

在加油区域吸烟和拨打电话容易发生火灾爆炸事故。

2. 控制措施或作业标准

（1）加油区域内严禁吸烟。

（2）加油区域内严禁接打电话。

（3）加油时车辆应熄火。

5.5.12 上工作台时，起重机应调平

1. 潜在危险或危害

起重机定位开始工作前，车架呈倾斜状，会影响回转系统正常运行，影响吊臂，使吊臂产生旁弯，发生事故。

2. 控制措施或作业标准

（1）车辆作业前，车架上的回转支承呈水平状态，且倾斜度不大于1%。

（2）产品车在未伸支腿的情况下严禁操作上车。

5.5.13 上工作台时，起重机油气悬挂调整

起重机上台位后，轮胎应离开地面进行作业。只有所有的轮胎离开地面后，整车的重量才压在4条支腿油缸上，增大防倾翻力矩。

控制措施或作业标准：

（1）产品车油气悬挂应处于最低位置。

（2）刚性锁定。

（3）操作垂直油缸时应伸到轮胎全部离开地面。

5.5.14 伸支腿注意事项

1. 潜在危险或危害

（1）操作者同时伸两边水平支腿时，操作者的另一边存在盲区，如果有人或物容易撞人和撞物。

（2）350T/400T/500T的水平支腿在作业时，如支腿没伸到承重块的位置，伸垂直油缸，作业支腿上端面受力，当受力过大时，导致焊缝开裂，发生事故。

（3）在服务过程中，有时操作者将工具或零部件放在水平支腿的上端面，在回缩水平支腿的过程中未及时清理，工具或零部件卡在活动支腿内，使水平支腿无法伸缩，将会挤压物件，导致物件损坏。

2. 控制措施或作业标准

（1）伸水平支腿时，应伸完左边再伸右边。

（2）350T/400T/500T的水平支腿只由3个受力点，即水平支腿处于全缩位置，水平支腿处于半伸位置，水平支腿处于全伸位置，根据作业场地情况选择水平支腿的伸缩状态。

（3）缩水平支腿时，操作者应将水平支腿上的工具和零部件清理干净，确认无物的情况下回缩支腿。

5.5.15 起重机在行驶前，收起支腿脚板

1. 潜在危险或危害

产品车在伸垂直油缸时如未装配支腿脚板，垂直油缸直接与地面接触，因受力面积小容易击穿地面，造成事故。

2. 控制措施或作业标准

（1）支腿必须装配脚板才能作业。

（2）超大吨位的车在支腿脚板下应垫箱体板。

5.5.16　产品车开始吊物前，应取下吊钩固定尼龙绳

1. 潜在危险或危害

操作上车时如不取下吊钩固定尼龙绳，抬变幅油缸容易拉断尼龙绳损坏驾驶室，造成事故。

2. 控制措施或作业标准

（1）上车启动时应先鸣笛。

（2）边抬变幅机构边放主钢丝绳，取下吊钩固定尼龙绳。

5.5.17　操作变幅机构

1. 潜在危险或危害

在作业过程中，变幅机构下有人或物，容易发生挤压事故。

2. 控制措施或作业标准

（1）起重臂下严禁站人。

（2）在操作变幅机构时，应注意物件与变幅机构的距离。

5.5.18　操作上车回转

1. 潜在危险或危害

在回转作业半径内有人或有物，容易发生撞人或撞物事故。

2. 控制措施或作业标准

（1）操作回转时先鸣笛。

（2）回转半径内严禁站人。

（3）回转半径内应没有干涉回转的物件。

5.5.19　起重钢丝绳和吊带

1. 潜在危险或危害

使用断丝钢丝绳和破损吊带，在作业吊载过程中钢丝绳断裂，发生碰砸事故。

2. 控制措施或作业标准

（1）使用钢丝绳或吊带时，应检查钢丝绳是否完好。

（2）对达到报废标准的钢丝绳和吊带应及时报废。

5.5.20　不装配重作业

1. 潜在危险或危害

产品车在未装配配重的情况下，起重量和安全稳定性急速下降，在未按正确的作业特性表作业时，很容易发生倾翻事故。

2. 控制措施或作业标准

（1）请按正确的作业特性表作业。

（2）电脑选择正确的作业工况，严禁超载。

（3）严禁全伸臂后倒变幅。

5.5.21　雷雨天作业

1. 潜在危险或危害

汽车起重机产品车如在雷雨天进行吊臂伸缩试验或副臂试验，因高度较高，容易发生雷击事故。

2. 控制措施或作业标准

（1）雷雨天气，汽车起重机产品车严禁作业。

（2）如是全伸臂时应将吊臂缩回。

（3）如副臂工况，应将吊臂缩回，将变幅机构收到底。

5.5.22　钢丝绳或吊带吊挂

1. 潜在危险或危害

在作业过程中，有时钢丝绳或吊带从砝码吊耳脱落，操作者经常用脚去挡，很容易发生挤压事故。

2. 控制措施或作业标准

用手在远离吊耳的位置扶钢丝绳或吊带，机手慢慢操作卷扬机构，使钢丝绳或吊带受力，操作者松手，此时机手可继续操作机构吊起重物。

5.5.23　正确吊装砝码

1. 潜在危险或危害

在吊装砝码过程中，如将重量轻、厚度薄的砝码放在下面，将重量大、厚度厚的砝码压在上面，很容易造成重量轻、厚度薄的砝码吊耳断裂或破损，造成事故。

2. 控制措施或作业标准

在同时吊装一厚一薄的两块砝码时，应将重量轻、厚度薄的砝码放在上面。

5.5.24　正确吊装堆集的砝码

1. 潜在危险或危害

在吊装堆集的砝码（5t 的砝码 3 块以上）时，如用钢丝绳或吊带吊装，配重吊耳安全系数降低，钢丝绳和吊带的安全系数降低，容易发生坠落事故。

2. 控制措施或作业标准

吊载 10～15t 的重物时，钢丝绳或吊带应使用较大安全系数设备。

5.5.25　高处上下

1. 潜在危险或危害

台面油污，脚底打滑造成高处跌落。

2. 控制措施或作业标准

（1）使用登高梯或车辆设施梯台且面朝梯台上下，禁止直接从高处跳下。

（2）佩戴安全帽，上下车过程中抓稳、扶好，禁止手握工具或零部件上下车。

5.5.26 高处作业（2～5m）

1. 潜在危险或危害

台面油污，脚底打滑高处跌落。

2. 控制措施或作业标准

必须设置挂点并佩戴安全带；有条件的可使用登高梯、升降平台、自动行走移动平台，谨慎作业；安全带挂点大于 3.5m，且至少保证平挂。

5.5.27 高处作业（5m 以上）

1. 潜在危险或危害

台面油污，脚底打滑高处跌落。

2. 控制措施或作业标准

必须使用自行式高空作业平台并佩戴安全带或其他可行的安全防护措施。安全带高挂低用，或至少保证平挂。

5.5.28 车底下拆装、检查作业

1. 潜在危险或危害

操作者在车下作业过程中，车辆突然发动，造成事故。

2. 控制措施或作业标准

（1）钻入车底拆装前拔掉驾驶室钥匙自行保管。

（2）支腿应全伸并抬高车架。

5.5.29 吊臂筒内施焊、修磨、拆装、处理油缸故障等作业

1. 潜在危险或危害

狭窄空间内作业、通风、照明条件不足，造成窒息、碰撞等事故。

2. 控制措施或作业标准

（1）必须有两人及以上在现场并保证有一人在外面进行监护。

（2）电焊及打磨必须采用压缩空气或抽风机进行通风。

（3）吊臂内故障处理采取双重断开动力源措施：熄火且取下钥匙或熄火且专人监护。

5.5.30 进入产品车转台内检查、调整管路、电线

1. 潜在危险或危害

操作者在上车作业过程中，车辆突然发动，造成事故。

2. 控制措施或作业标准

（1）双重断开动力源措施：熄火且取下钥匙或熄火且专人监护。

（2）启动发动机前，应观察产品车周围人员处于安全状态并鸣笛后再动车。

5.5.31 车转台内穿钢丝绳

1. 潜在危险或危害

操作者在作业过程中，手指被钢丝绳挤压，造成事故。

2. 控制措施或作业标准

（1）站位应适宜。

（2）应用专用工具排绳。

5.5.32 吊臂观察孔打润滑油与检查

1. 潜在危险或危害

作业过程中，车辆突然发动，手被挤压，造成事故。

2. 控制措施或作业标准

（1）应使用专用工具。

（2）单独作业应锁好操作室并随身携带钥匙。

（3）配合作业起重机操作者应听从作业者指挥。

5.5.33 拆卸、安装销轴

1. 潜在危险或危害

拆卸、安装销轴时用手替代工具作业，造成挤压事故。

2. 控制措施或作业标准

（1）站位应适宜。

（2）应用专用工具。

5.5.34 穿钢丝绳

1. 潜在危险或危害

为了使钢丝绳排放整齐，戴手套用手排钢丝绳，手容易被钢丝绳转入钢丝绳内，发生挤压事故。

2. 控制措施或作业标准

（1）穿钢丝绳时，应用工具代替手去排钢丝绳。

（2）操作卷扬的速度不应过快。

5.5.35 收钢丝绳

1. 潜在危险或危害

钢丝绳绳头在回收过程中，容易被卡在吊臂两侧的钢丝绳挡板上，当继续回收，钢丝绳头会快速弹出，容易砸伤操作者和砸坏物件。

2. 控制措施或作业标准

当钢丝绳收到还剩 20m 左右时，操作者应停止。要用人拉住绳头，操作者继续慢慢操作直到收完。

5.5.36 穿吊钩

1. 潜在危险或危害

在穿吊钩中，如吊钩未放稳，很容易倒，造成砸伤事故。

2. 控制措施或作业标准

穿吊钩前将吊钩放稳，如不稳的应用物件垫稳后再穿。

5.5.37 拆卸、安装副臂

1. 潜在危险或危害

因大吨位汽车起重机在安装副臂时位置较高，一般都在 2m 以上，有时操作者站在吊臂头部安装，很容易发生坠落，造成事故。

2. 控制措施或作业标准

（1）操作者在没有安全防护的前提下，严禁站在吊臂头部安装副臂。

（2）在安装副臂时，最后使用超高登高车。

5.5.38 副臂上连接销的 B 销安装

1. 潜在危险或危害

操作者在安装副臂过程中，如忘了安装副臂连接销的 B 销，在副臂试验吊载过程中，连接销容易脱落，造成事故。

2. 控制措施或作业标准

（1）须正确安装副臂连接 B 销。

（2）在试副臂工况前操作者应重新全部复查一遍 B 销安装情况。

5.5.39 正确使用配重锁定销

1. 潜在危险或危害

带配重锁定销的配重机构，当配重安装到位，未锁定配重锁定销，如配重提升油缸存在内泄漏造成油缸伸出，配重下降造成事故。如在拆配重过程中，配重锁定销未缩回，伸配重提升油缸，此造成配重提升油缸安装螺栓断裂，造成配重机构损坏，造成事故。

2. 控制措施或作业标准

（1）安装完配重后应将配重锁定销进行锁定。

（2）拆配重前应将配重锁定销缩回，确定回收到位后方可下配重。

5.5.40 超载试验

1. 潜在危险或危害

产品车在进行超载试验过程中，容易发生倾翻事故。

2. 控制措施或作业标准

（1）在起吊超载的重物时，应用慢挡操作。

（2）在起吊超载重物时，应有专人观测后面支腿抬有量的变化。

（3）在起吊超载的重物时，重物只要离开地面即可。

5.5.41 超载试验防护

1. 潜在危险或危害：

在超载试验过程中，因容易发生倾翻事故，如在未加装防护装置的情况下，会增加倾翻事故率，造成重大事故。

2. 控制措施或作业标准

在试验车的四条支腿的每条支腿下放一块砝码，用尼龙绳固定，加强稳定性，提高车辆防倾翻的安全系数。

5.5.42 新产品试验作业

1. 潜在危险或危害

侧翻。

2. 控制措施或作业标准

（1）办理危险作业审批手续，经批准后进行试验。

（2）试验范围内必须设置警戒线与标识。

（3）采取防倾翻措施：防倾翻装置（5t 及以上砝码）绑挂在 4 个支腿上。

（4）确认力矩限制器完好，严格按照技术部门提供的参数进行试验。

（5）一人操作，一人观察支腿变化，一人进行指挥作业，做到分工明确。

5.5.43 建立项目流动式起重机进场登记检查核对制度

（1）流动式起重机（主要是指履带起重机和汽车起重机）在进入施工现场前，使用（或吊装）分包单位必须向项目部报告登记，并提交以下资料原件备查：

1）出租单位资质。

2）设备出厂合格证、车辆行驶证、该设备的保险单据。

3）《流动式起重机定期检验报告》和《检验合格证》。

4）起重机司机特种作业操作证、车辆驾驶员行驶照。

5）带有车辆牌照的全车照片复印件。

（2）项目部对以上资料原件审查合格后留存复印件，并报监理单位审核，经总监理工程师审批签字后，办理流动式起重机械进入施工现场出入证，方可进入施工现场。

（3）流动式起重机械进场后进行起重吊装前，项目部和监理单位必须对设备及作业人员相关证件进行现场核对，主要包括：

1）流动式起重机械的设备型号、设备代码、额定起重量等信息是否与《流动式起重机定期检验报告》的相关信息一致。

2）起重机司机、信号司索工的特种作业操作证是否人证相符。

（4）严格执行项目起重吊装工程方案的编、审、批及论证工作制度：

1）项目起重吊装施工必须按要求由施工单位编制起重吊装专项施工方案，并严格执行方案的编、审、批及论证工作制度。

2）超过一定规模危险性较大的大型起重吊装工程，必须严格按《危险性较大的分部分项工程安全管理规定》要求编制起重吊装专项施工方案，并组织专家论证。

（5）加强项目流动式起重机使用过程管理：

1）吊装作业前必须对吊索、吊具进行检查，确保其处于完好状态，正式起吊前应进行试吊，确认一切正常后方可起吊。

2）吊装作业时必须严格按安全专项施工方案组织实施，操作人员应持证上岗，遵守安全操作规程，不得违章作业。

3）实施吊装作业单位的有关人员应在作业现场设警戒区域并对区域内的安全状况进行检查（包括吊装区域的划定、标识、障碍、外电、临时支腿、基础情况等），并设专人监护，非作业人员禁止入内，严禁吊臂下方站人，严禁在未断交通的情况下实施跨路吊装作业。

4）需夜间作业的，施工现场应满足夜间作业的条件，并编写方案。

5）超过一定规模危险性较大的吊装工程必须由具备起重安装资质及安全生产许可证的专业分包单位实施。

6）超过一定规模危险性较大的吊装工程吊装作业前，必须完善专项施工方案的编制、审核、论证及审批手续，制定应急预案，并组织对作业人员进行安全技术交底。吊装过程中，项目部及监理单位相关负责人必须依据和对照专项方案和操作规程的要求，实施旁站监督。

5.6 履带起重机

履带起重机（图5.6-1），是指具有履带行走装置的全回转动臂架式起重机。起重量大，可以吊重行走。具有较强的吊装能力。

（1）履带起重机进场需编制专项安拆方案，履带起重机安装作业前，由项目上报危险性较大的作业审批，分级旁站监督安装作业，安装完成自检合格并经第三方检测合格后方可使用。

（2）履带起重机吊装作业需编制专项施工方案，履带起重机的规格选型及吊索具的规格选型均严格按照吊装方案进行。

（3）履带起重机大臂的组合方式及配重块的数量应满足使用说明书及吊装方案的要求。

（4）设备进场需核验的资料有：出租及安装单位安全生产许可证、资质、出厂合格证、使用说明书、保险单据、定期检验（首检）报告（图5.6-2）等。

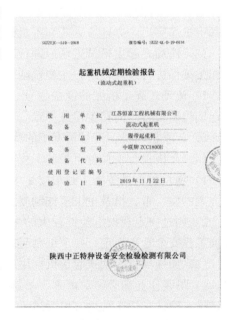

图5.6-2 定期检验报告

图5.6-1 履带起重机实物图

（5）吊装作业应实行吊装令申请制度和分级旁站监督制度。

（6）每班作业前必须检查制动器是否正常，先试吊，确认正常后再起吊。

（7）履带起重机不得在暗沟、地下管道、防空洞等上面作业，严禁在斜坡上吊重回转。

（8）严禁履带起重机带载自由下降，应通过动力来控制载荷的下降速度。

（9）严禁作业过程中启用强制开关，进场验收合格后应签封强制开关配电箱，如图5.6-3所示。

图5.6-3　签封强制开关配电箱

（10）作业过程中监控负载率，超过80％立即停止作业。

（11）吊装作业未结束、起重臂未收回，司机不得擅自离岗。

（12）履带起重机吊物行走时，地面应坚实平坦，起重臂应置于起重机正前方，重物离地面不得超过0.5m，回转机构、吊钩的制动器须刹死。

（13）履带起重机禁止作为运输设备使用。

（14）安全装置：

1）履带起重机应安装起升高度限位器、起重力矩限制器、防臂杆后倾装置等安全装置，如图5.6-4所示。

图5.6-4　安全装置

2）履带起重机应装有读数清晰的臂架角度指示器，其安装位置应便于操作者观看。

3）最大额定起重量超过50t的履带起重机，必须装设水平仪。主臂长超过50m的履带起重机应设置风速仪，并设有报警装置。

5.7 各类安全资料

1. 汽车、轮胎起重机操作安全技术交底（表 5.7-1）

汽车、轮胎起重机操作安全技术交底　　　　　　　　表 5.7-1

工程名称		交底日期	年　月　日
施工单位		施工位置	
交底提要			

交底内容：
1. 起重机行驶和工作的场地应保持平坦坚实，并应与沟渠、基坑保持安全距离。
2. 为保证起重机的正常使用，在起重机作业前必须按照以下要求进行检查：
   (1)各安全保护装置和指示仪表齐全完好。
   (2)钢丝绳及连接部位符合规定。
   (3)燃油、润滑油、液压油及冷却水添加充足。
   (4)各连接件无松动。
   (5)轮胎气压符合规定。
3. 起重机启动前，应将各操纵杆放在空挡位置，手制动器应锁死，并应参照内燃机安全操作交底启动内燃机。启动后，应怠速运转，检查各仪表指示值，运转正常后接液压泵，待压力值达到规定值，油温超过 30℃时，方可开始作业。
4. 轮胎起重机完全依靠支腿来保持它的稳定性和机身的水平状态，所以在作业前，应伸出全部支腿，并在脚板下垫方木，调整机体使回转支承面的倾斜度在无载荷时不大于 1/1000（水准泡居中）。支腿有定位销的必须插定位销。底盘为弹性悬挂的起重机放支腿前应收紧稳定器。
5. 如果在作业过程中扳动支腿操纵阀，将使支腿失去作用而造成机械倾翻事故。所以作业中严禁扳动支腿操纵阀。调整支腿必须在无载荷时进行，并将起重臂转至正前或正后方才可进行调整。
6. 起重臂的工作幅度是由起重臂长度和仰角决定的，不同幅度有不同的额定起重量，作业时应根据所吊重物的重量和提升高度，调整起重臂长度和仰角，并应估计吊索和重物本身的高度，留出适当空间。
7. 汽车起重机一般采用箱形伸缩式起重臂，它是双作用液压缸通过控制阀、选择阀和分配阀等液压控制装置使起重臂按规定程序伸出或缩回，以保证起重臂的结构强度符合额定起重量的需求。在伸臂的同时应相应下降吊钩。当限制器发出警报时，应立即停止伸臂。起重臂缩回时，仰角不宜太小。
8. 起重臂伸出后，出现前节臂杆的长度大于后节伸出长度时，说明液压系统存在故障必须进行调整，消除不正常情况后，方可作业。
9. 各种长度的起重臂都有规定的仰角，如果仰角或起重臂伸出后，或主副臂全部伸出后变幅时不得小于各长度所规定的仰角。
10. 操作杆一般设在汽车驾驶室内，因此，汽车起重机起吊作业时，汽车驾驶室要封闭，室内不得有人，以防误动操作杆，重物不得超越驾驶室上方，且不得在车的前方起吊。
11. 采用自由（重力）下降时，载荷不得超过该工况下额定起重量的 20%，并应使重物有控制地下降，下降停止前应逐渐减速，不得使用紧急制动，以防造成起升机构超载受损，或导致起重机倾翻事故。
12. 起吊重物达到额定起重量的 50% 及以上时，应使用低速挡。
13. 作业中发现起重机倾斜、支腿不稳等异常现象时，应立即使重物下降落在安全的地方，使起重机恢复稳定。以免造成起重机倾翻事故，下降时严禁使用紧急制动，下降中严禁制动。
14. 重物在空中需要较长时间停留时，应将起升卷筒制动锁住，操作人员不得离开操纵室。
15. 起重机在满载或接近满载时，稳定性的安全系数相应降低，如果同时进行两种动作，容易造成超载而发生事故。所以，起吊重物达到额定起重量的 90% 以上时，严禁同时进行两种以上的操作动作。
16. 起重机带载回转时，重物因惯性造成偏离而大幅度晃动，使起重机处于不稳定状态，容易发生事故。操作应平稳，避免急剧回转或停止，换向应在停稳后进行。
17. 当轮胎起重机带载行走时，道路必须平坦坚实，载荷必须符合出厂规定，重物离地面不得超过 500mm，并应拴好拉绳，缓慢行驶。
18. 在再一次行驶时出现起重机的装置不移动、不旋转等情况，作业后，应将起重臂全部缩放在支架上，再收回支腿，吊钩应用专用钢丝绳挂牢。应将车架尾部两撑杆分别撑在尾部下方的支座内，并用螺母固定。应将阻止机身旋转的销式制动器插入销孔，并将取力器操纵手柄放在脱开位置，最后应锁住起重操纵室门。
19. 行驶前，应检查并确认各支腿的收存无松动，轮胎气压符合规定。内燃机水温在 80～90℃时，润滑性能较好，温度过低使润滑油黏度增大，流动性能变差，如高速运转，将增加机件磨损。行驶时水温应在 80～90℃ 范围内，水温未达到 80℃时，不得高速行驶。
20. 行驶时应保持中速，不得紧急制动，过铁道口或起伏路面时应减速，下坡时严禁空挡滑行，倒车时应有人监护。
21. 行驶时，严禁人员在底盘走台上站立或蹲坐，并不得堆放物件

交底人签名	
总包单位安全员	专业分包单位安全员
接受交底人	

注：1. 本表头由交底人填写，交底人与接受交底人各保存一份，安全员一份；
　　2. 交底提要应填写交底重要内容。

2. 汽车、轮胎起重机验收表（表5.7-2）

汽车、轮胎起重机验收表 表5.7-2

工程名称			验收时间	
设备名称及型号			产权单位	

序号	检查项目	检查内容	验收结果
1	安全管理	产品合格证、安全检测报告、起重机司机特殊工种操作证	
		张贴起重机额定性能表和安全技术操作规程	
		灭火器配备	
2	基础验收	地基承载力满足设计或方案的要求	
3	结构	轮胎螺钉紧固无缺少	
		传动轴螺钉紧固无缺少	
		方向机横竖拉杆无松动	
		无任何部位漏油、漏气、漏水	
		全车各部位无变形	
4	液压传动部分	液压泵压力正常	
		支腿正常伸缩，无下滑拖滞现象	
		变幅油缸无下滑现象、主臂伸缩油缸正常，无下滑	
		回转正常	
5	安全防护部分	刹车系统正常	
		起重钢丝绳无断丝、无断股，润滑良好，直径缩径不大于10%	
		吊钩及滑轮无裂纹、危险断面磨损不大于原尺寸的10%	
		起重量幅度指示器、水平仪的指示正常	
		起重力矩限制器（安全载荷限制器）装置灵敏可靠	
		起升高度限位器报警切断功能正常（大钩和小钩）	
		钢丝绳防过放装置功能正常、卷筒无裂纹、无乱绳	
		吊钩防脱装置工作可靠	

验收结论：

验收人签名	项目生产经理	项目机械工程师	租赁单位现场负责人
	项目安全总监	其他验收人员	

3. 履带起重机基础验收表（表5.7-3）

履带起重机基础验收表 表 5.7-3

工程名称			安装单位	
设备型号			备案登记号	
序号	检查项目		检查结论 （合格√ 不合格×）	备注
1	路基承载力符合要求			
2	路基表面平整度符合说明书要求			
3	道路宽度符合要求			

验收结论：

验收时间： 年 月 日

验收人签字	项目总工程师	项目生产经理	安装单位现场负责人
	项目安全总监	项目机械工程师	其他验收人员

4. 履带起重机安装验收表（表 5.7-4）

履带起重机安装验收表　　　　　　　　　　　　　　　表 5.7-4

工程名称			验收时间	
设备名称及型号			产权单位	

序号	检查项目	检查内容		验收结果
1	安全管理	产品合格证、安全检测报告		
		起重机司机特殊工种操作证		
		张贴起重机额定性能表和安全技术操作规程		
		灭火器配备		
2	结构	履带螺钉紧固无缺少、全车各部位无变形		
		传动轴螺钉紧固无缺少、履带结构无变形、行走正常		
		方向机拉杆无松动		
		无任何部位漏油、漏气、漏水		
		起重臂桁架结构组装牢固		
		配重满足吊装重量要求，安装锁定牢固		
		液压泵压力正常，回转正常		
3	安全防护部分	刹车系统正常；起重钢丝绳无断丝、无断股、润滑良好		
		吊钩及滑轮无裂纹、危险断面磨损不大于原尺寸的10%		
		起重量幅度指示器、水平仪的指示正常		
		起重力矩限制器(安全载荷限制器)装置灵敏可靠		
		起升高度限位器报警切断功能正常(大钩、小钩)		
		钢丝绳防过放装置功能正常、卷筒无裂纹、无乱绳		
		吊钩防脱装置工作可靠		

验收结论：

验收人签名	项目生产经理	项目机械工程师	安装单位现场负责人
	项目安全总监	租赁单位	其他验收人员

5. 汽车起重机、履带起重机维修保养记录表（表 5.7-5）

汽车起重机、履带起重机维修保养记录表

表 5.7-5

设备名称		设备型号			设备编号		
工程名称		实施单位				实施日期	
维修/保养记录：							
维修/保养人员（签字）：							

注：每维修或保养一次，由项目机械管理人员收集存档。

6. 流动式起重机登记表（表5.7-6）

流动式起重机登记表　　　　　　　　表 5.7-6

设备名称	设备编号	设备型号	车牌号	进场时间	出场时间	分包单位

7. 流动式起重机械使用登记表（表 5.7-7）

流动式起重机械使用登记表   表 5.7-7

设备名称		制造厂家	
工程名称		工程地点	
规格型号 （含起重量）		出厂编号	
设备产权单位			
设备备案编号		设备安装高度	
流动式起重机械定期 检验合格报告编号		检验合格证有效期	
设备保险办理情况		单据号	

特种作业人员名单（如空格不够，名单可附后）

姓名	工种	资格证编号	备注

吊装（或产权）单位意见：

吊装（或产权）单位（章）：
年　　月　　日

施工总承包单位审查意见：

施工总承包单位（章）：
年　　月　　日

监理单位审批意见：

监理单位（章）：
年　　月　　日

8. 汽车起重机、履带起重机验收记录表（表 5.7-8）

汽车起重机、履带起重机验收记录表　　　　　表 5.7-8

工程名称			设备型号	
总包单位			分包单位	
租赁单位			验收日期	
序号	检查项目	验收内容		验收结果
1	外观验收	灯光正常		
		仪表正常，齐全有效		
		轮胎螺钉紧固无缺少		
		传动轴螺钉紧固无缺少		
		方向机横竖拉杆无松动		
		无任何部位漏电、漏气、漏水		
		全车各部位无变形		
2	检查各油位、水位	水箱水位正常		
		机油油位正常		
		方向机油油位正常		
		刹车制动油正常		
		变速箱油位正常		
		液压油位正常		
		各齿轮油位正常		
		电瓶水位正常		
3	发动机部分	机油压力怠速时不少于 $1.5kg/cm^3$		
		水温正常		
		发动机运转正常无异响		
		各附属机构齐全正常		
4	液压传动部分	液压泵压力正常		
		支腿正常伸缩，无下滑拖滞现象		
		变幅油缸无下滑现象		
		主臂伸缩油缸正常，无下滑		
		回转正常		
		液压油温无异常		
5	底盘部分	离合器正常无打滑		
		变速箱正常		
		刹车系统正常		
		各操作控制机构正常		
		行走系统正常		

序号	检查项目	验收内容	验收结果
6	安全防护部分	有产品合格证	
		起重钢丝绳无断丝、无断股,润滑良好,直径缩径不大于10%	
		吊钩及滑轮无裂纹,危险端面磨损不大于原尺寸的10%	
		起重量幅度指示器正常	
		起重力矩限制器(安全载荷限制器)装置灵敏可靠	
		起升高度限位器的报警切断动力功能正常	
		水平仪的指示正常	
		钢丝绳防过放装置的功能正常	
		卷筒无裂纹、无乱绳现象	
		吊钩防脱装置工作可靠	
		操作工持证上岗	
		驾驶室内挂设安全技术操作规程	

验收结论				
验收人签字	总包单位	分包单位	租赁单位	

监理单位意见:

符合验收程序,同意使用□

不符合验收程序,重新组织验收□

监理工程师:　　　　　　　　　　　　年　月　日

注:由总包单位项目部组织分包单位、安装单位相关人员对设备进行安装验收,并填写此表,相关人员签字,最后由监理单位对验收程序进行审核并签字。

9. 起重机械验收试吊记录表（表 5.7-9）

起重机械验收试吊记录表 表 5.7-9

施工单位：　　　　　　　　　工程名称：　　　　　　　　　起重机型号：

序号	验收项目	技术要求	验收结果
1	试吊环境	试吊应在晴朗天气进行,风速应小于 5 级,场地应平整、坚实,倾斜度不得大于 5/1000,在起重臂(杆)起落及回转半径内无障碍物	
2	空载试验	下列各试验动作须重复进行不少于 3 次:吊臂、吊钩要做起落、升降到规定的极限位置;回转机构向左右各回转 360°;前进、后退、在原地向左、右各 90°转架。各仪表、信号应显示正常,安全控制装置应灵敏有效,运转部位应无异响,无过热现象	
3	满载试验	起重力矩限制器自检功能必须灵敏有效,额定载荷试验以最低和最高速度进行提升、制动、变幅、回转、行走试验,重复次数不得少于 2 次;试验过程中各项动作应连续进行	
4	超载试验	以起重机额定起重量的 110% 进行超载动态试验,试验程序参照满载试验要求。动态试验后将起重量增加到额定起重量的 125%,提升到离地 20cm 高度处,重物在空中停留时间不得少于 10min,重物与地面距离应保持不变	

验收结论意见		验收人员	
		验收日期：　　　　　　　年　月　日	

10. 基础设施工程起重作业吊装令（表 5.7-10）

基础设施工程起重作业吊装令　　　　　　　　　　　　表 5.7-10

一、工程概况			
工程名称		工程部位	
项目经理		技术负责人	
吊装部位		吊装时间	
吊装内容(附简图)			
二、起重机械工况			
1. 型号及名称		2. 吊臂长度	
3. 吊索具情况		4. 最大起重量	
三、设备检查			
1. 制动装置		2. 钢丝绳	
3. 安全装置		4. 设备检测准用证编号	
四、作业区情况			
1. 路基情况		2. 作业区范围内设施保护	
3. 持证上岗情况		4. 通信联络	
5. 指挥人员(姓名)		6. 司机人员(姓名)	

五、交底内容
1. 吊装前应进行负载起落钩、回转,以及开臂、趴臂试验,检查基础的情况。
2. 空载完成后,再检查各支腿的基础是否有裂纹或下陷,正常后方可重载试吊。
3. 对力矩额定值进行重载试验,吊物离地 50cm 左右,吊钩停滞,观测有无下滑现象,依次做回转、起落臂试验,确认正常和无地陷后方可作业。
4. 起吊作业必须有专人指挥,作业范围设置警戒线。

交底人(签名)：　　　　　　　　　　　被交底人(签名)：

填表人(签名)：　　　　　　监理复核人(签名)：　　　　　　技术负责人(签名)：

发令人:(项目经理签名)

11. 起重吊装旁站记录表（表5.7-11）

起重吊装旁站记录表   表 5.7-11

基本情况	日期		施工标段		天气	
	起吊地点		起吊物名称		构件数量	
	最大吊重（t）		起吊高度（m）		最大水平距离（m）	
吊装人员情况	司机姓名		持证名称		证号	
					证号	
	信号工姓名		持证名称		证号	
	司索工姓名		持证名称		证号	
起重机（机）情况	设备代码		检测日期		有效期	
	起重机型号		设计吊重		起重机年限	
	钢丝绳情况		吊钩情况		打底及支垫情况	
综合评述	人员检查结果					
	起重机(机)检查结果					
	起吊物放置点检查结果					
	周边环境危险源检查结果					
	吊装作业综合评述					
责任工程师				安全工程师		
机电工程师				安全		

注：旁站频次，施工单位按不同吊机类型或一个批次吊装作业进行旁站。

12. 流动式起重设备日常巡视工作记录表（表 5.7-12）

流动式起重设备日常巡视工作记录表 表 5.7-12

日期			起重机牌号		吊装部位	
起重机司机	□在岗	□脱岗	司索指挥工		□在岗	□脱岗

1. 吊装作业时支腿是否完全打开：　　　　　　　　　　　　　　完全打开□　　　　　未完全打开□

2. 吊装作业时是否使用专用枕木垫支腿：　　　　　　　　　　使用专用枕木□　　　未使用专用枕木□

3. 吊装作业时力矩限位或重量限位报警仍起吊：　　　　　　　正确操作□　　　　　违章操作□

4. 吊装作业人员是否持有效特种作业操作证：　　　　　　　　有证操作□　　　　　无证操作□

5. 吊装作业离高压线安全距离大于 6m：　　　　　　　　　　　大于 6m□　　　　　小于 6m□

6. 制动装置(大钩、小钩、滑轮无裂纹，回转正常，液压油管正常，主臂伸缩正常、无下滑，变幅油缸无下滑，支腿伸缩正常，无下滑拖滞现象，离合器、变速箱、刹车系统正常)□

7. 安全装置(起重量幅度指示器正常、起重力矩限制器即安全荷载限位器装置灵敏可靠、起升高度限位器的报警切断动力功能正常、钢丝绳防过放装置功能正常、吊钩防脱装置可靠、卷扬筒无裂纹、无乱绳现象)□

8. 钢丝绳(无断绳、断股，润滑良好直径缩径不大于 10％)□

9. 吊具、索具、吊环情况正常□

作业区安全防护： 吊装区域设置警戒线　　　　　　　　　　□ 危险点设专人监护　　　　　　　　　　□	其他问题： 巡视记录人：

作业符合要求在"□"中打"√"，不符合打"×"并立即勒令停止作业整改

116

13. 流动式起重设备周检情况记录表（表5.7-13）

流动式起重设备周检情况记录表

表 5.7-13

项目名称（章）：

起重机牌照：

检查日期：　　年　　月　　日

序号	检查内容	检查结果	处理结果
1	吊钩有防止吊物掉落的保险装置		
2	吊钩表面光洁、无剥裂、无锐角、无毛刺裂纹		
3	吊钩不得有焊补情况		
4	吊钩的危险断面、开口度和颈部是否超标		
5	钢丝绳保持良好的润滑状态		
6	钢丝绳在滑轮上按顺序整齐排列		
7	钢丝绳任何部位的断丝是否符合标准		
8	钢丝绳表面磨损与锈蚀不应超过报废标准		
9	证件是否随车携带		
10	驾驶室内的操纵杆是否正常		
11	驾驶室内的灭火器和随车工具是否配备		
12	滑轮是否有裂纹　轮缘无缺损		
13	支腿功能是否正常		
14	刹车制动装置是否正常		
15	限位器装置是否正常		
16	超载报警装置是否正常		

检查负责人：　　　　　　　　　　项目安全员：

14. 流动式起重机月检表（表5.7-14）

流动式起重机月检表   表5.7-14

项目名称：　　　　　　　　　　　　　　　　　　　起重机牌照：

检查时间：　　　　　　年　　月　　日

序号	项目	内容	检查结果	处理结果
1	管理	1. 特种设备安监部门的登记标志应当置于显著位置		
		2. 有效期内的督促检验(2年)证明		
		3. 至少每月进行一次自行检查并有记录		
		4. 起重机械安全操作规程		
		5. 是否有维修保养制度		
		6. 是否有关于司机、司索工和信号指挥工的培训制度		
2	外观	1. 查看汽车起重机整体外观是否有破损、开裂等安全隐患		
		2. 查看汽车起重机驾驶室内仪表是否显示正常		
		3. 查看轮胎磨损及气压是否正常，有无铁钉或石子等在轮胎上		
		4. 查看空滤器卫生状况及滤芯的干净程度，保证发动机的安全		
		5. 查看汽车起重机所有灯具是否齐全，包括行驶照明、转向，机械作业照明灯具，保证齐全有效		
3	吊钩	1. 吊钩必须是锻造的		
		2. 有防止吊重意外脱钩的保险装置		
		3. 表面应光洁、无剥裂、锐角、毛刺、裂纹等		
		4. 不得有焊补情况		
		5. 吊钩的危险断面、开口度和颈部是否超标		
		6. 转动是否灵活		
4	钢丝绳	1. 钢丝绳应保持良好的润滑状态		
		2. 钢丝绳在卷筒上按顺序整齐排列		
		3. 钢丝绳与卷筒连接牢固，放出钢丝绳使卷筒至少要保留3圈		
		4. 任何一节距离内的断丝是否超过报废标准		
		5. 外层表面钢丝磨损不应超过报废标准		
5	制动	1. 上升(运行)极限位置限制器		
		2. 回转锁定装置		
		3. 超载保护装置		
6	伸缩臂	1. 伸缩臂缸筒是否存在开裂、变形		
		2. 有无油缸渗、漏油问题		
		3. 有无异响		
7	回转	回转机构有无明显变形及破损，螺栓紧固件有无松动		
8	其他	1. 液压支腿有无漏油、渗油的情况		
		2. 查看油压系统是否存在漏油、渗油的情况		
		3. 查看俯仰角指示器，水平仪等是否完好		
		4. 查看液压油是否保证应有的数量，是否变质		
		5. 查看平衡阀等重要部件是否正常，有无破损、渗油等现象		
9	行为安全	1. 司机，司索工和信号指挥工的特种工上岗证		
		2. 个人防护用品(安全帽、工作服、工作鞋和手套)		
		3. 起重机司机是否进行上岗前安全教育培训		
		4. 起重机司机是否熟悉常说的"十不吊"内容		

检查负责人： 　　年　　月　　日	设备管理员： 安全员： 项目负责人： 　　　　年　　月　　日	监理： 　　年　　月　　日

6 混凝土运送设备（机械）

>>>>

6.1 混凝土运送设备概述

主要用来运输和输送非凝固混凝土的机械设备。

6.2 混凝土运送设备分类

混凝土运送设备主要有混凝土泵车，其中泵车分为天泵、地泵。还有混凝土运输的罐车，称为混凝土搅拌输送车。

6.2.1 混凝土泵车

1. 简要介绍

混凝土泵车（天泵）（图 6.1-1）是利用压力将混凝土沿管道连续输送的机械，由泵体和输送管组成。按结构形式分为活塞式、挤压式、水压隔膜式。泵体安装在汽车底盘上，再装备可伸缩或曲折的布料杆，组成泵车。

现已形成 25mm、28mm、32mm、37mm、40mm、43mm、46mm、48mm、50mm、52mm、56mm、58mm、60mm、62mm、66mm、72mm 共 16 种规格系列产品。

混凝土泵车是在载重汽车底盘上进行改造而成的，它是在底盘上安装运动和动力传动装置、泵送和搅拌装置、布料装置以及其他一些辅助装置。混凝土泵车（天泵）的动力通过动力分动箱将发动机的动力传送给液压泵组或者后桥，液压泵推动活塞带动混凝土泵工作。利用泵车上的布料杆和输送管，将混凝土输送到具有一定高度和距离的位置。

图 6.1-1 混凝土泵车（天泵）

2. 构造组成

混凝土泵车由臂架、泵送、液压、支撑、电控五部分组成，如图 6.1-2 所示。

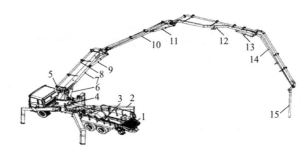

图 6.1-2　混凝土泵车（天泵）构造

1—泵送机构；2—支腿；3—配管总成；4—固定转塔；5—转台；6—1 号臂架油缸；
7—1 号臂架；8—臂架输送管；9—2 号臂架油缸；10—2 号臂架；11—3 号臂架油缸；
12—3 号臂架；13—4 号臂架油缸；14—4 号臂架；15—软管

3. 性能

混凝土泵车电气控制系统的控制方式主要有 5 种：机械式、液压式、机电式电气控制式、可编程控制器式、逻辑电路控制式。混凝土泵车上除了安装电气控制系统以完成控制任务之外，还安装有手动控制操纵系统，它也属于控制系统的一部分。如果采用机械操纵，一般有杆系操纵机构和软轴操纵机构两种方式。相对于杆系操纵机构，软轴操纵机构具有布置灵活、传动效率高、过渡接头少而且空行程小、行程调节方便等优点，所以混凝土泵车的操纵系统主要选择软轴操纵机构。根据实际需要，泵车的操纵系统应能够实现无级调速操纵，而能够使操纵杆停止在任何一个位置的锁定机构是实现无级调速操纵的关键装置，一般可以选用碟形弹簧或弹簧板等。为便于操作，操纵手柄都设计安装在较方便的位置，如普茨迈斯特 BSF36.09Z 型泵车，其控制发动机转速的操纵手柄就装在梯子边，操作方便。混凝土泵车的操纵系统主要是用来控制主液压泵流量和发动机转速，从而改变泵车的混凝土排出量。如采用液压操纵，则可直接从泵车的泵送系统中获取液压驱动力，并通过手动液压阀实现操控。

4. 操作安全注意事项

（1）只能用于混凝土的输送，除此以外的任何用途（比如起吊重物）都是危险的。

（2）泵车臂架泵送混凝土的高度和距离都是经过严格计算和试验确认的，任何在末端软管后续接管或将末端软管加长超过 3m 都是不允许的。

（3）未经授权禁止对泵车进行可能影响到安全的修改，包括更改安全压力、运行速度设定，改用大直径输送管，更改控制程序或线路，更改臂架及支腿等。

（4）泵车操作人员必须佩戴好安全帽，并遵守安全法规及施工现场的安全规程。

5. 支撑安全注意事项

（1）支撑地面必须是水平，周围无障碍物，上空无高压线，不能支撑在空穴、斜坡上。

（2）泵车必须支撑在坚实的地面上，若支腿最大压力大于地面允许压力，必须用支撑板或辅助枕木来增大支撑表面积。

（3）泵车支撑在坑、坡附近时，应保留足够的安全间距。支撑时，须保证整机处于水平状态，整机前后左右水平最大偏角不超过 3°。

（4）在展开或收拢支腿时，支腿旋转的范围内都是危险区域，应设置警戒线。

（5）支撑时，所有支腿必须伸缩和展开到规定的位置（支腿与支耳上箭头对齐，前支腿臂与前支腿伸出臂箭头对齐），否则存在倾翻的危险。

（6）必须按要求支撑好支腿方可操作臂架，必须将臂架收拢于臂架主支撑上方可收拢支腿。

（7）出现稳定性降低的因素必须立即收拢臂架，排除后重新按要求支撑，降低稳定性的因素包括雨、雪水或其他水源引起的地面条件变化。

6. 伸展臂架安全注意事项

（1）只有确认泵车支腿已支撑妥当后，才能操作臂架，操作臂架必须按照操作规程里说明的顺序进行支撑。

（2）雷雨或恶劣天气情况下不能使用臂架。不能在大于 8 级风力的天气中使用。

（3）操作臂架时，整个臂架都应在操作者的视野内。在高压线附近作业时要小心触电的危险，应保证臂架与电线的安全距离。

（4）臂架下方是危险区域，可能有混凝土或其他零件掉落伤人。

（5）末端软管规定的范围内不得站人，泵车启动泵送时不得引导末端软管，它可能会摆动伤人或喷射出混凝土引起事故，启动泵时的危险区就是末端软管摆动的周围区域，区域最大直径是末端软管长度的两倍。末端软管长度最大为 3m，则危险区域最大直径为 6m。

（6）切勿折弯末端软管，末端软管不能没入混凝土中。

（7）如果臂架出现不正常的动作，应立即按下急停按钮。由专业人员查明原因并排除后方可继续使用。

7. 泵送及维护安全注意事项

（1）泵车运转时，不可打开料斗筛网、水箱盖板等安全防护设施，不可将手伸进料斗、水箱里面或用手触碰其他运动部件。

（2）泵送时，必须保证料斗内的混凝土在脚板轴的位置之上，防止因吸入气体引起混凝土喷射。

（3）堵管时，必须先反泵运转释放管道内的压力，然后方可拆卸混凝土输送泵管道。只有当泵车在稳定坚实的地面上停放好，并确保不会发生意外的移动时，才能进行维护修理工作。

（4）只有臂架被收拢或有可靠的支撑，发动机关闭并固定了支腿时，才可以进行维护修理工作。

（5）进行维护前必须先停机，并释放出蓄能器内的压力。

（6）如果没有固定相应的臂架就打开臂架液压锁，存在臂架下坠伤人的危险。

8. 保养方法

（1）混凝土泵车保养方法应按照使用保养手册中相应的要求和方法，日常使用时，对使用前后泵车的相关项目进行检查。

（2）按照使用保养手册中相应的要求和方法，对各部件进行及时和充分的润滑。

（3）按照使用保养手册中相应的要求和方法，选择指定型号的液压油，定期更换液压系统用油。

（4）按照使用保养手册中混凝土泵车保养方法和要求，定期检查泵送系统部分的水箱、混凝土缸、混凝土输送管。

（5）按照使用保养手册中相应的要求和方法，定期检查和调整臂架旋转基座固定螺栓的力矩。

（6）按照使用保养手册中混凝土泵车保养方法，定期检查和调整臂架、旋转基座、支腿、支撑结构、减速器等部件。

（7）按照使用保养手册中相应的要求和方法，定期检查液压系统和元件、电气系统和元件的工作状态。

6.2.2　混凝土地泵车

1. 简要介绍

混凝土地泵车（图 6.1-3）是通过管道依靠压力输送混凝土的施工设备，它配有特殊的管道，可以将混凝土沿着管道连续地完成水平输送和垂直输送，是现有混凝土输送设备中比较理想的一种，它将预拌混凝土生产与泵送施工相结合，利用混凝土搅拌运输车进行中间运转，可实现混凝土的连续泵送和浇筑。用于大型混凝土工程的混凝土输送工作。

图 6.1-3　混凝土地泵车

2. 操作安全注意事项

（1）混凝土泵应安放在平整、坚实的地面上，周围不得有障碍物，放下支腿后，应使机身保持水平和稳定，轮胎应楔紧。

（2）泵送管道的敷设应符合下列要求：

1）水平泵送管道宜直线敷设。

2）垂直泵送管道不得直接装接在泵的输出口上，应在垂直管前端加装长度不小于 20m 的水平管，并在水平管近地泵处加装止回阀，混凝土地泵车各部位构成如图 6.1-4 所示。

3）敷设向下倾斜的管道时，应在输出口上加装一段水平管，其长度不应小于倾斜管高低差的 5 倍。当倾斜度较大时，应在坡度上端装设排气活阀。

4）泵送管道应有支撑固定，在管道和固定物之间应设置木垫，管道之间应连接牢靠，管道接头和卡箍应扣牢密封，不得将已磨损的管道装在后端高压区。

（3）砂石粒径、水泥强度等级及配合比应按出厂规定，满足泵机可泵性的要求。

（4）作业前应检查并确认泵机各部位螺栓紧固，防护装置齐全可靠，各部位操纵开关、调整手柄、控制杆均在正确位置，液压系统正常无泄漏，液压油符合规定，搅拌斗内

图 6.1-4　混凝土地泵车各部位构成

右侧标注（从上到下）：
转塔
底盘
臂架系统
液压系统
电器系统
泵送系统

无杂物，上方的保护格网完好无损并盖严。

（5）启动后，应空载运转，观察各仪表的指示值，检查泵和搅拌装置的运转情况，确认一切正常后，方可作业。泵送前向料斗中加入 10L 清水和 0.3m³ 的水泥砂浆润滑泵及管道。

（6）泵送作业中，料斗中的混凝土平面应保持在搅拌轴中心线以上。料斗网格不得堆满混凝土，应控制供料流量，及时清除超粒径的骨料及异物，不得随意移动网格。

（7）当进入料斗的混凝土有离析现象时应停泵，待搅拌均匀后再泵送。当骨料分离严重，料斗内灰浆明显不足时，应剔除部分骨料，另加砂浆重新搅拌。

（8）泵送混凝土应连续作业，当因供料中断被迫暂停时，停机时间不得超过 30min。暂停时间内应每隔 5～10min（冬季 3～5min）做 2～3 个冲程反泵-正泵运动。再次投料泵送前应先将投料搅拌。当停泵时间超限时，应排空管道。

（9）垂直向上泵送中断后再次泵送时，应先进行反向推送，使分配阀内混凝土吸回料斗，经搅拌后再正向泵送。

（10）不得随意调整液压系统压力。当油温超过 70℃时，应停止泵送，但应使搅拌叶片和风机运转，待降温后再继续运行。

（11）水箱内应贮满清水，当水质混浊并有较多砂粒时，应及时检查处理。

（12）当出现输送管堵塞时，应进行反泵运转，使混凝土返回料斗；当反泵几次仍不能消除堵塞，应在泵机卸载情况下，拆管排除堵塞。

（13）作业后，应将料斗和管道内的混凝土全部输出，然后对泵机、料斗、管道等进行冲洗，各部位操作开关、控制杆等均应复位，液压系统应卸载。

3. 维护保养

（1）进行维护保养时应关掉泵机以及电源总开关并留人监护，以防有人突然启动泵机。

（2）为使设备始终保持正常的工作状态，要求按不同的使用阶段对其实施不同程度的维护保养。

（3）维护保养每一级都应包括上一级的保养内容且不局限于列举的内容，重点还是修理工、操作人员多看、多听、多问、勤检查。

（4）日常维护保养（日常）：

1) 检查液压油的油位和油质如有乳化或浑浊现象，应立即更换。

2) 保障润滑油箱有足够润滑脂，手动润滑点每班加油一次。

3) 水箱内加满水，应检查混凝土活塞的密封性，保证无砂浆渗出。

4) 检查切割环与眼镜板的间隙是否正常（不大于 2mm）。

5) 检查各电气元件工作是否正常。

6) 冷却器外部清洗干净，不得有污染。

7) 检查液压系统各管路有无渗油和漏油现象，保证各压力表和真空度表的指示值在正常范围内。

8) 保证各物料输送管路各接头密封良好。

9) 检查发动机润滑油位。

10) 检查冷却液液位；检查和清洁散热器外部；检查空气滤清器阻塞指示器。

（5）每周维护保养（50h）：

1) 保证所有紧固件连接紧固。

2) 检查真空表指示值，确认滤芯过滤情况是否正常。

3) 排放油水分离器中的积水。

4) 检查蓄电池电解液液面。

5) 更换润滑油滤清器，视情况更换燃油精滤器。

（6）每月维护保养（100h）：

1) 检查切割环和眼镜板的磨损情况，必要时进行更换。

2) 检查混凝土活塞密封环磨损情况，必要时进行更换。

3) 检查 S 管以及分配机构各轴承的磨损情况。

4) 检查液压油质必要时应彻底换油，加新油前仔细清洗油箱；检查蓄能器气压是否足够，否则对蓄能器充气（10～11MPa）。

（7）每半年维护保养（500h）：

1) 检查 S 管及分配机构各轴承的磨损情况。

2) 检查搅拌机构轴承及搅拌叶片的磨损情况。

3) 检查液压油质，必要时彻底换油，加新油前应仔细清洗油箱。

4) 更换润滑油和润滑油滤清器。

（8）每年维护保养（800h）：

1) 检查输送缸磨损情况。

2) 检查及其各参数性能，并做适当调整。

3) 更换燃油精滤器。

4) 更换燃油粗滤器。

4. 布料机运行作业流程

测试、检查、就位→验收→试运行→投入施工→拆除→维护、保养。

（1）布料机施工要点：

1) 检查布料杆的螺栓是否全部上紧，转轴处是否正常。

2) 按照布料杆出厂安装说明书安装布料杆。

3) 将布料杆立直，查看是否可以在不要配重的情况下立直。

4）搭设布料杆安放位置的架体，并进行检查验收。

5）安放杆及其配重，要求布料杆中间必须架空 200～300mm，检查布料杆杆身是否垂直。

6）布料杆安放在架体上时要用架管将支腿压实。

7）接混凝土泵管时，必须全数检查泵管内是否清洗干净，接口处必须采用橡胶垫圈。混凝土泵管接好后应当再检查螺栓紧固情况。

8）试车，用牵引绳控制混凝土出料口及杆臂弯折处，在其最大作用范围运行。

9）准备好混凝土浇筑的信号灯及对讲机，进行双控，在柱、墙壁混凝土浇筑时要保证灯灭泵停，叫停立停，前台浇筑点必须提前 4s 叫停、灭灯，通信必须设专人负责，夜间施工时，控制混凝土的人必须配上手电筒，看清混凝土浇筑高度。

10）出料口更改位置时，用一条麻袋将出口包住，避免混凝土落在地面上，到另一个出料位置上再解开。布料杆不可随意接长，需接长时，在允许工作半径处必须加设固定支撑。

11）混凝土浇筑完毕后，必须用砂浆及清水将泵管清洗干净，每次采用泵送清水清洗时，必须采用标准的清洗球，不得采用其他物体代替，清洗完毕后，吊走配重，再吊布料杆身至下一个工作位置，安装好后，吊入配重，重复前面的工作。

（2）安全操作要求：

1）当风速超过 6 级风时，严禁工作；当风速超过 4 级风时，严禁安装和拆除。

2）布料机应与高压线及电器保持一定距离。

3）端部浇筑软管必须系好安全绳，禁止使用长度超过 3m 的末端软管浇筑，不得将软管插入浇筑的混凝土中，严格按照布料范围工作。

4）布料机工作时臂架下方不准站人。液压系统压力不得超过 25MPa。严禁在输送管及油管内有压力时打开管接头。

5）严禁将端部软管拆掉、让臂架和另一刚性输送管路连接。

6）回转过程中，严禁在整机未停稳时刹车或做反向运转。回转处接头管箍不可固定太紧，保证转动灵活，每班次须清理、润滑回转接头管箍密封一次。

7）检修或保养时，应切断地面电源，不准带电检修保养。

8）工作结束时必须将臂架收合、挂好安全钩、大臂水平放置、切断地面电源。

9）输送泵管一旦堵塞时，应先停止泵送，检查堵塞管道，把该管卸下清理干净后重新安装牢固，密封清理干净后备复位。

10）布料杆在使用过程中和存放期间必须用绳索从多个方向拉接固定牢固，无法拉接时，设临时支撑布料杆，吊运时要平衡锁牢，组装时防止管口对手臂的挤压伤害。

6.2.3 混凝土搅拌运输车

1. 简要介绍

混凝土搅拌运输车（图 6.1-5）或称搅拌车，是用来运送建筑用预拌混凝土的专用卡车；由于它的外形，也常被称为田螺车。卡车上装有圆筒形搅拌筒用以运载混合后的混凝土，在运输过程中会始终保持搅拌筒转动，以保证所运载的混凝土不

图 6.1-5　混凝土搅拌运输车

会凝固。运送完混凝土后冲洗搅拌筒，防止硬化的混凝土占用空间。

2. 构造

混凝土搅拌运输车由汽车底盘和混凝土搅拌运输专用装置组成。我国生产的混凝土搅拌运输车的底盘多采用整车生产厂家提供的二类通用底盘。其专用机构主要包括取力器、搅拌筒前后支架、减速机、液压系统、搅拌筒、操纵机构、清洗系统等。工作原理是通过取力装置将汽车底盘的动力取出，并驱动液压系统的变量泵，把机械能转化为液压能传给定量电机，电机再驱动减速机，由减速机驱动搅拌装置，对混凝土进行搅拌。

3. 速度限制

汽车的最高车速是汽车的动力性三个指标之一。运输车生产厂家对此项指标十分重视，将其作为重要性能指标列出。其实，所有汽车的速度测试都是附有条件限制的。《机动车运行安全技术条件》GB 7258—2017 规定：运输车的最高车速测试执行现行国家标准《汽车最高车速试验方法》GB/T 12544；最低车速的测试是执行现行国家标准《汽车最低稳定车速试验方法》GB/T 12547。然而，这两种速度测定的场地要求又都是按照现行国家标准《汽车道路试验方法通则》GB/T 12534 的规定，即"试验道路。除另有规定外，各项性能试验应在清洁、干燥、平坦的，用沥青或混凝土铺设的直线道路上进行。道路长 2～3km，宽不小于 8m，纵向坡度在 0.1‰以内"。由此可知，运输车的最高（低）车速数据测试都是特别指定在平直道路上进行的。运输车属于城区运输类型车辆，其大部分运输时间内要进行转向，避让行人及车辆等行驶动作，不大有可能做最高车速行驶。更为重要的是，运输车是由底盘车改装而成的，其整车重心较改装前的底盘车重心有了显著增高；同时在其运输途中搅拌筒带动着混凝土翻转，使其重心朝着搅拌筒转动方向偏移，从而使其重心偏离搅拌筒轴线的垂直平面，以至于影响到整车行驶稳定性，易造成其在转弯时发生侧翻，尤其是在高速行驶时，将会增加翻车事故发生率。急刹急转，也常常是造成运输车翻车的主要原因。基于以上的认识，运输车本身重心高，行车路况复杂，作为城区运输车这一客观存在，在其使用时应对行驶稳定性引起高度重视，防止发生侧翻。生产厂家不应在突出宣传其最高车速时，不对可能引发的翻车事故隐患予以切实的警告。更不能在使用说明书内将底盘最高车速标注为整车最高车速，而不说明实际行驶时应遵从《机动车运行安全技术条件》GB 7258—2017 的规定："搅动行驶时，最高车速不得高于 50km/h。"因此应充分明示高速行驶将带来翻车事故的高度危险性。

4. 安全车速

转向行驶时的侧翻现象是运输车较易发生的问题。这一问题既与运输车搅动行驶时搅拌筒旋转，带动筒内混凝土旋转，使其整车质心朝某个确定方向偏移的情况有关，也与运输车行驶状态（转弯半径，行驶速度，车辆质心总偏移量等）因素有关。本书所述安全车速主要是指能保证运输车转向行驶时不会发生侧翻现象的行驶速度。直线行驶时的侧坡安全性与侧坡角度有关，此处不予专门讨论。各国运输车行驶时的搅拌筒旋转方向一般是按其道路车辆靠向某侧行驶规定来确定的。根据我国道路车辆靠右行驶的行驶规定，国内大多数运输车在搅动行驶作业时，搅拌筒旋转方向为右旋（面向车尾朝前看，顺时针旋转），相应搅拌筒螺旋叶片旋向为左旋。这种布置适应了靠右行驶时公路截面左高右低的实际情况。搅拌筒右旋设计的运输车在搅动工况下，整车的重心向右偏离了整车中心线 50～100mm，使得运输车的横向稳定性稍好了一些。由于历史的原因，我国有些运输车搅动行驶作业时，搅拌筒旋转方向为左旋（面向车尾朝前看，逆时针旋转），相应搅拌筒螺旋叶片旋向为右旋。

6.3 各类安全资料

1. 混凝土泵操作安全技术交底（表 6.3-1）

混凝土泵操作安全技术交底

表 6.3-1

工程名称		交底日期	年 月 日
施工单位		分项工程名称	混凝土泵操作安全交底
交底提要			

交底内容：
1. 混凝土泵应安放在平整、坚实的地面上，周围不得有障碍物，在放下支腿并调整后，应使机身保持水平和稳定，轮胎应楔紧。
2. 泵送管道的敷设应符合下列要求：
   (1) 水平泵送管道宜直线敷设。
   (2) 垂直泵送管道不得直接装接在泵的输出口上，应在垂直管前端加装长度不小于 20m 的水平管，并在水平管近泵处加装止回阀。
   (3) 敷设向下倾斜的管道时，应在输出口上加装一段水平管，其长度不应小于倾斜管高低差的 5 倍。当倾斜度较大时，应在坡度上端装设排气活阀。
   (4) 泵送管道应有支撑固定，在管道和固定物之间应设置木垫，不得直接与钢筋或模板相连，管道与管道闸应连接牢靠；管道接头和卡箍应扣牢密封，不得将已磨损管道装在后端高压区。
   (5) 泵送管道敷设后，应进行耐压试验。
3. 砂石粒径、水泥强度等级及配合比应按出厂规定，满足泵机可泵性的要求。
4. 作业前应检查并确认泵机各部位螺栓紧固，防护装置齐全可靠，各部位操纵开关、调整手柄、手轮、控制杆、旋塞等均在正确位置，液压系统正常无泄漏，液压油符合规定，搅拌斗内无杂物。上方的保护格网完好无损并盖严。
5. 输送管道的管壁厚度应与泵送压力匹配，近泵处应选用优质管子。管道接头、弯头等完好无损。高温烈日下应采用湿麻袋或湿草袋遮盖管路，并应及时浇水降温，寒冷季节应采取保温措施。
6. 应配备清洗管、清洗用品、接球器及有关装置。开泵前，无关人员应离开管道周围。
7. 启动后，应空载运转，观察各仪表的指示值、检查泵和搅拌装置的运转情况，确认一切正常后，方可作业。泵送前应向料斗加入 10L 清水和 $0.3m^3$ 的水泥砂浆润滑泵及管道。
8. 泵送作业中，料斗中的混凝土平面应保持在搅拌轴轴线以上。料斗格网上不得堆满混凝土，应控制供料流量，及时清除超粒径的骨料与异物，不得随意移动格网。
9. 当进入料斗的混凝土有离析现象时应停泵，待搅拌均匀后再泵送。当骨料分离严重，料斗内灰浆明显不足时，应剔除部分骨料，另加砂浆重新搅拌。
10. 泵送混凝土应连续作业。当因供料中断被迫暂停时，停机时间不得超过 30min。暂停时间内应每隔 5～10min（冬季 3～5min）做 2～3 个冲程反泵-正泵运动，再次投料泵送前应先将料搅拌。当停泵时间超限时，应排空管道。
11. 垂直向上泵送中断后再次泵送时，应先进行反向推送，使分配阀内混凝土吸回料斗，经搅拌后再正泵送。
12. 泵机运转时，严禁将手或铁锹伸入料斗或用手抓握分配阀。当需在料斗或分配阀上工作时，应先关闭电动机和消除蓄能器压力。
13. 不得随意调整液压系统压力。
14. 当油温超过 70℃时，应停止泵送，但仍应使搅拌叶片和风机运转，待降温后再继续运行。
15. 水箱内应贮满清水，当水质混浊并有较多砂粒时，应及时检查处理。
16. 泵送时，不得开启任何输送管道和液压管道；不得调整、修理正在运转的部件。
17. 作业中，应对泵送设备和管路进行观察，发现隐患应及时处理。对磨损超过规定的管子、卡箍、密封圈等应及时更换。
18. 应防止管道堵塞。泵送混凝土应搅拌均匀，控制好坍落度；在泵送过程中，不得中途停泵。
19. 当出现输送管堵塞时，应进行反泵运转，使混凝土返回料斗；当反泵几次仍不能消除堵塞，应在泵机卸载情况下，拆管排除堵塞。
20. 作业后，应将料斗内和管道内的混凝土全部输出，然后对泵机、料斗、管道等进行冲洗。当用压缩空气冲洗管道时，进气阀不应立即开至最大，只有当混凝土顺利排出时，方可将进气阀开至最大。在管道出口端前方 10m 内严禁站人，并应用金属网篮来收集冲出的清洗球和砂石粒。对凝固的混凝土，应采用刮刀清除。
21. 作业后，应将两侧活塞转至清洗室位置，并涂上润滑油。各部位操纵开关、调整手柄、手轮、控制杆、旋塞等均应复位，液压系统应卸载。

审核人		交底人		接受交底人	

注：1. 本表头由交底人填写，交底人与接受交底人各保存一份，安全员一份；
　　2. 当做分部、分项施工作业安全交底时，应填写"分部、分项工程名称"栏；
　　3. 交底提要应填写交底重要内容。

2. 混凝土泵车操作安全技术交底（表6.3-2）

混凝土泵车操作安全技术交底　　　　　　　　　　　　　　　　表6.3-2

工程名称		交底日期		年　月　日
施工单位		分项工程名称		混凝土泵车操作安全交底
交底提要				

交底内容:

1. 构成混凝土泵车的汽车底盘、内燃机、空气压缩机、水泵、液压装置等的使用,应分别按照水平运输机械、动力装置、水工机械安全交底要求操作。

2. 泵车就位地点应平坦坚实,周围无障碍物,上空无高压输电线。泵车不得停放在斜坡上。

3. 泵车就位后,应支起支腿并保持机身的水平和稳定。当用布料杆送料时,机身倾斜度不得大于3°。

4. 就位后,泵车应显示停车灯,避免碰撞。

5. 作业前检查项目应符合下列要求:

　(1)燃油、润滑油、液压油、水箱添加充足,轮胎气压符合规定,照明和信号指示灯齐全良好。

　(2)液压系统工作正常,管道无泄漏;清洗水泵及设备齐全良好。

　(3)搅拌斗内无杂物,料斗上保护格网完好并盖严。

　(4)输送管路连接牢固,密封良好。

6. 布料杆所用配管和软管应按出厂说明书的规定选用,不得使用超过规定直径的配管,装接的软管应拴上防脱安全带。

7. 伸展布料杆应按出厂说明书的顺序进行。布料杆离开支架后方可回转。严禁用布料杆起吊或拖拉物件。

8. 当布料杆处于全伸状态时不得移动车身。作业中需要移动车身时,应将上段布料杆折叠固定,移动速度不得超过10km/h。

9. 不得在地面上拖拉布料杆前端软管;严禁延长布料配管和布料杆。当风力在6级及以上时,不得使用布料杆输送混凝土。

10. 泵送管道的敷设,应符合下列要求:

　1)水平泵送管道宜直线埋设;

　2)垂直泵送管道不得直接装接在泵的输出口上,应在垂直管前端加装长度不小于20m的水平管,并在水平管近泵处加装止回阀。

　3)敷设向下倾斜的管道时,应在输出口上加装一段水平管,其长度不应小于倾斜管高低差的5倍。当倾斜度较大时,应在坡度上端装设排气活阀。

　4)泵送管道应有支撑固定,在管道和固定物之间应设置木垫,不得直接与钢筋或模板相连,管道与管道间应连接牢靠;管道接头和卡箍应扣牢密封,不得漏浆;不得将已磨损的管道装在后端高压区。

　5)泵送管道敷设后,应进行耐压试验。

11. 泵进前,当液压油温度低于15℃时,应采用延长空运转时间的方法提高油温。

12. 泵送时应检查泵和搅拌装置的运转情况,监视各仪表和指示灯,发现异常,应及时停机处理。

13. 料斗中混凝土面应保持在搅拌轴中心线以上。

14. 泵进混凝土应连续作业。当因供料中断被迫暂停时,停机时间不得超过30min。暂停时间内应每隔5~10min(冬季3~5min)做2~3个冲程反泵-正泵运动,再次投料泵送前应先将料搅拌。当停泵时间超限时,应排空管道。

15. 作业中,不得取下料斗上的格网,并应及时清除不合格的骨料或杂物。

16. 泵送中当发现压力表上升到最高值,运转声音发生变化时,应立即停止泵送,并应采用反向运转方法排除管道堵塞;无效时,应拆管清洗。

17. 作业后,应将管道和料斗内的混凝土全部输出,然后对料斗、管道等进行冲洗。当采用压缩空气冲洗管道时,管道出口端前方10m内严禁站人。

18. 作业后,不得用压缩空气冲洗布料杆配管,布料杆的折叠收缩应按规定顺序进行。作业后,各部位操纵开关、调整手柄、手轮、控制杆、旋塞等均应复位。液压系统应卸荷,并应收回支腿,将车停放在安全地带,关闭门窗。冬季应排空泵车内的存水

审核人		交底人		接受交底人	

注: 1. 本表头由交底人填写,交底人与接受交底人各保存一份,安全员一份;

　　2. 当做分部、分项施工作业安全交底时,应填写"分部、分项工程名称"栏;

　　3. 交底提要应填写交底重要内容。

7 电动吊篮

7.1 电动吊篮概述

电动吊篮的全称为电动高处作业吊篮。它是采用国内外先进技术制作，结构合理，与其他结构的吊篮相比具有加高方便、操作简单、安全可靠、规格多样、投资少、效率高等特点。主要适用于高层建筑物的外墙施工、桥梁建设、烟囱建设等。电动吊篮的上下动力来自电动吊篮专用提升机。设备安装前，首先检查电动吊篮专用提升机空载时是否正常。操作工人相对吊篮必须佩用安全可靠的安全带。

7.2 型号和参数分类

电动吊篮的型号主要有：ZLP800，ZLP800A，ZLP630，ZLP500 型。型号说明如图 7.2-1 所示。

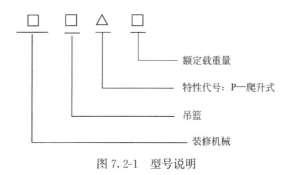

图 7.2-1 型号说明

如 ZLP630，表示爬升式装修吊篮，额定载重量为 630kg。

7.3 构造

吊篮整机由悬挂机构、悬吊平台（工作平台）、提升机、安全锁、工作钢丝绳、安全钢丝绳和电气控制箱及电气控制系统等主要部分组成。吊篮为便于运输和搬运，产品出厂运输时按部件或组、电动吊篮零件分解，运至施工现场后拼装成整机，如图 7.3-1 所示。

7.3.1 悬挂机构

悬挂机构是架设在建筑物作业面的顶部支撑处通过钢丝绳来承受悬吊平台、额定载重

图 7.3-1　吊篮构造图

量等重量的钢结构架，均使用二套悬挂机构。悬挂机构施加于建筑物或构筑物支撑处的作用力应符合建筑结构的承载要求，如图 7.3-2 所示。

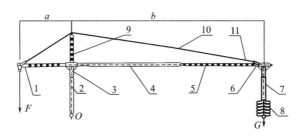

图 7.3-2　悬挂机构简图

1—前梁；2—前支架；3—插杆；4—中梁；5—后梁；6—小连接套；
7—后支架；8—配重；9—上支柱；10—加强钢丝绳；11—索具螺旋扣

悬挂机构由前梁、中梁、后梁、前支架、后支架、上支柱、配重、加强钢丝绳、插杆、连接套等组成，前梁、后梁插在中梁内，可伸缩调节。为适应作业环境的要求，可通过调节插杆的高度来调节前后梁的高度，调节高度为 1.15～1.75m，前支架、后支架下配有滚轮，可以用来移动悬挂机构，配重的数量根据相应的型号配置。

吊篮悬挂机构的抗倾覆力矩与倾覆力矩的比值不得小于 2，即：$K = G \times b / F \times a \geqslant 2$

其中：

K——抗倾覆安全系数；

a——前梁伸出部分长度；

b——后梁伸出部分长度；

G——配重、插杆、后支架的质量（kg）；

F——悬吊平台、提升机、电气控制区系统、钢丝绳、额定载重量等重量总和（kg）。

检查要点：

（1）配重块是否有缺失、损坏，是否固定牢靠。

（2）悬挂机构（图 7.3-3）钢丝绳绳卡数量是否足够、是否留有安全弯，安全弯变形情况。

（3）悬挂机构整体的稳定性，抗倾覆系数是否大于 2，悬挂机构是否支撑于女儿墙或建筑结构物上。

注：安装时可根据建筑物结构调节前梁、后梁所需要的伸出长度，后梁的伸出距离 b 应调至最大，前梁伸出长度 a 通常不大于 1.3m，当前梁的伸出长度大于 1.5m（含 1.5m）或钢丝绳的长度超过 120m 时，必须相应减少工作载荷或增加配重，以保证抗倾覆安全系数 K 值大于或等于 2。

7.3.2 悬吊平台

ZLP800，ZIP800A，ZLP630 型号吊篮的悬吊平台（图 7.3-4）均为拼装式平台。拼装式平台由前栏杆、后栏杆、底架和安装架等部件组成，用螺栓连接，其标准节长为 2.5m 或 2m。

拼装式平台的底架由钢（铝）板等焊接而成，底板有防滑波纹。安装架由钢管焊接而成，底部可装脚轮，便于作业时拆装、移动平台的前栏杆和后栏杆均由钢（铝）管焊接而成，前栏杆高度为 970mm，安装在靠作业区的一侧，后栏杆的高度为 1120mm。工作悬挂平台目前市场为 1m＋2m＋3m 共计 6m 组成，长度在不超过 6m 的情况下可任意组装。提升高度为 100m，可定制 120m 或更高。

检查要点：

（1）平台整体稳固性，螺栓紧固程度，外观完整性等。

（2）是否违规运送材料，人员是否超载等。

图 7.3-3 悬挂机构

图 7.3-4 悬吊平台

7.3.3 提升机

ZLP800 吊篮用提升机的型号为 LTD80，提升机由电磁制动电机、离心限速位置、两级减速系统以及卷绳机构等组成，提升机的第二级减速为外齿轮传动，提升机采用"S"形式的卷绳机构。

ZLP800A、ZLP630、ZLP500 吊篮用提升机的型号分别为 LTD80A、LTD63 和 LTD50，三种提升机的结构基本相同，均由电磁制动电机、离心限速装置、两级减速系统以及"α"形式的卷绳机构等组成。

提升机具有自动进绳功能，操作者只需将工作钢丝绳插入提升机的进绳口。提升机电机的电磁制动装置可在电力故障或供电中断的情况下自动接合，产生制动力矩，能停止并承托悬吊平台。在电力故障或断电情况下，将手动滑降装置的拔杆（置于提升机手柄内）旋（插）入电磁制动器（电机风罩内）拔杆，打开制动器，可使悬吊平台匀速下滑。

提升机（图7.3-5）采用齿轮油润滑，推荐使用80W/90W普通车辆齿轮油，LTD80提升机的油量为1.2L，LTD80A、LTD63和LTD50提升机的油量为2L。在南方地区夏季使用时，应使用N460号中负荷工业齿轮油。应根据使用情况，6～12月更换一次润滑油。

检查要点：

（1）是否有卡绳现象。

（2）制动情况是否良好。

（3）拔杆是否缺失。

7.3.4 安全锁试验方法

安全锁每次作业均应试验其性能，具体方法是：

动作一：用手轻提安全钢丝绳，应能缓慢移动。扳动锁闭手柄一次，动作一不能进行，扳动启动手柄一次，动作一能进行。重复若干次。

动作二：以较快而猛的速度向上提拉安全钢丝绳，安全锁应能锁住，扳动开启手柄一次，重复动作二若干次，均应无失灵现象。

安全锁（图7.3-6）必须持有出厂合格证书并且在有效期限内试用。安全锁如果出现故障，可送制造厂维修，严禁用户自行拆卸修理。

检查要点：

（1）安全锁合格证明材料。

（2）安全锁性能测试。

（3）安全锁外观是否完好，是否卡绳等。

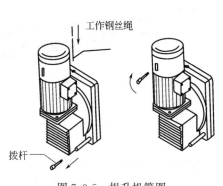

图7.3-5 提升机简图

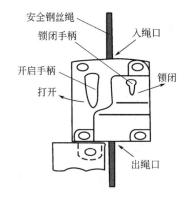

图7.3-6 安全锁简图

7.3.5 钢丝绳

工作钢丝绳（图7.3-7）和安全钢丝绳都是承受吊篮载荷的主要元件，因此对采用的钢丝绳有严格要求。吊篮的工作钢丝绳和安全钢丝绳均采用镀锌吊篮用钢丝绳，具有强度高、防锈性能好的特点。为防止绳头松散和便于穿入提升机、安全锁，钢丝绳在按选用长度截断后，其两端经过特殊加工，穿入端经焊接后修磨成弹头状锥体。

检查要点：

（1）钢丝绳是否有变形、过度磨损、断丝等，达到报废标准的禁止使用。

（2）工作钢丝绳和安全钢丝绳下是否有悬挂重锤。

（3）钢丝绳上限位挡块是否缺失、损坏等。

7.3.6 电源电缆

电源电缆连接于电源和电源控制箱（图 7.3-8）之间，是为悬吊平台升降输送电能的导体。市场上主要的提升设备有 ZLP-630 型电动吊篮，该型号标准为国家执行标准。依靠人工动力达到升降的吊篮，在安全与动力上严重不足，国内大多数地区已禁止该品种的使用，如图 7.3-8 所示。

检查要点：

（1）上、下控制开关是否灵敏有效。

（2）零位开关是否有效。

（3）电缆线敷设、悬挂是否采取绝缘措施。

图 7.3-7　钢丝绳

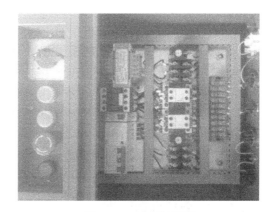

图 7.3-8　电源控制箱

7.4　吊篮安装

7.4.1　前期准备工作

1. 把好方案关

（1）施工方案是施工顺利进行的前提，必不可少。在方案中应有设备的选型、安装的注意事项、操作的注意事项、拆除的注意事项，还要有详细的配置安排，并有相关部门的审批。

（2）要把握好方案的针对性和可行性，不能泛泛而谈。要针对工程的特点选配吊篮，既能满足施工要求，又能保证安全，尽量使吊篮覆盖整个作业面，不留死角。据统计，有些事故就是由于吊篮配置不合理造成的。

2. 控制好设备的进场

进场的设备要与方案相符，并且各种配件齐全，完好有效。还要严格审核材料进场清单，认真清点，逐一对照，不同型号间吊篮不能混装，不能以小代大，以次充好。

3. 加强对吊篮安装的监控

一般情况下，吊篮是以散件形式进入施工现场的，应重点监控每个吊篮是否按方案正确组装、安装。组装牢固，组件齐全完好，安装的地点安全可靠。

7.4.2 吊篮安装

（1）吊篮应由经专门培训过的专业人员进行安装，安装前对参与人员进行方案交底、安全教育及安全技术交底。

（2）吊篮安装遵循的程序：安装悬挂机构→悬吊平台→钢丝绳→电缆线及电气系统→调试。

7.5 过程管控要点

7.5.1 安全验收

吊篮安装完毕后，要及时组织吊篮厂家、现场技术人员、生产人员及上机操作人员进行联合验收。重点控制吊篮的安装位置，结构的组装情况，配重、安全绳、安全锁、电气装置的灵活完好情况，吊篮上下运行不应有障碍物。验收必须100％合格，数量大时可分阶段验收，并形成文字手续。未经验收的吊篮禁止使用。对验收中存在的问题必须限期整改，确认无问题后投入使用。

新安装、大修后及闲置一年或悬空停置两个月以上的吊篮，启用时必须由经过培训的专职人员进行使用前检查、验收后方可启用。

7.5.2 安全教育和培训

对作业人员进行体检，若患有高处作业禁忌的相关疾病，禁止从事吊篮内作业。并对其进行相关的教育培训、考试和发证。教育和培训的重点为如何正确操作和使用吊篮以及对可能出现的突发情况如何应对和处理等方面，以增强上机人员的自我保护意识。还必须强调，禁止作业人员向下扔掷杂物，以免造成对他人的伤害等。

7.5.3 日常的管理

（1）必须对全部吊篮进行编号并张贴在吊篮上，做到清晰醒目；对吊篮上的人员必须进行登记，并保持人员的稳定；绘制出吊篮的平面布置图，有编号有人名。要指定专职电工每天上班前对吊篮的电气系统进行检查，安全人员检查配重块、安全绳、安全锁。

（2）作业中必须有专人巡视检查，有条件的可把放置地点（例如屋面）进行封闭，除检查维修人员外，其他人一律禁入。遇有多工种交叉作业时，应设专人进行看护。

（3）检查作业人员是否正确佩戴安全帽，安全带的系挂是否正确；严禁酒后作业；5级风及以上必须停工。

（4）吊篮厂家必须有专职维修人员在现场，对故障吊篮及时维修。存在故障的吊篮严禁使用。每天作业完的吊篮应停在首层。

7.5.4 吊篮的拆卸、退场

（1）拆吊篮前必须对工程进行质量验收，通过后方开始拆除。

（2）要预先了解拆除吊篮的顺序、运输的方法、解体的场地、人员的配置、天气的情况。还要对拆卸人员进行必要的交底。

（3）拆除悬挂机构时，作业人员一般处于高处临边位置，必须系挂安全带。还要对施工成品进行保护，垂直运输尽量使用外用电梯等运输设备，应避免搬运过程中发生碰伤。

7.5.5 保养维护

为确保吊篮安全施工，必须建立由吊篮操作人员和专职人员相结合的常规检查和保养维护制度，确保吊篮的状态正常完好。

7.5.6 安全检查要点

1. 日常安全检查

每天作业开始前必须由吊篮操作人员对吊篮进行日常检查，并做好记录，对吊篮的设备状态做出评价和处理。

2. 定期安全检查

（1）吊篮工作一定时间后，应进行定期检查，并做好记录。对断丝、松股、弯曲等情况进行一次全面检查，如达到报废标准，应报废更换。

（2）每工作2个月后应按安全检查要求进行一次全面检查，并检查电磁制动器摩擦片磨损情况和电缆线破损情况。

（3）安全锁标定期限不得大于1年，如不具备条件时应送生产厂家检测标定。

（4）安全锁每次使用后，应加防锈油，保持动作灵活。

（5）提升机传动装置首次使用3个月后须更换润滑油，以后每月加一次润滑油，每6个月换一次润滑油。

（6）安全锁活动部位每月加一次润滑油。

（7）电气线路、电气元件及电线接点处必须保持干燥、清洁，不得有油污积垢。在日常、定期安全检查和作业过程中，发现故障、磨损或异常时，应立即停止使用，由专职人员进行检修，严禁吊篮"带病"使用。

（8）各受力构件、易损件达到报废标准时，予以报废，进行更换。

（9）建立吊篮设备档案，保持吊篮正常完好。

7.5.7 操作安全措施及注意事项

在施工中有关施工安全技术、安全措施的规定，劳动保护及安全用电、消防等要求，应按国家及地方颁发的有关规范、规程、规定为准，严格执行。电源必须接地，配备漏电开关。

135

1. 使用注意事项

（1）工作平台应有专人操作、保养、维护。

（2）工作平台至少有两人操作，应在互相配合下进行安全操作，平台工作人员必须系好安全带。

（3）在现场使用中，距离整机 10m 范围内不得有高压电线。

（4）平台载重量不应超过额定荷载（包括人体重量）。

（5）当发现平台倾斜时应及时调整，保持水平两边相差不超过 15cm，当平台倾角大于 14°时，应自动停止平台升降运动。

（6）平台在正常使用时，严格使用电动制动器及安全锁刹车，以免引起意外事故。

（7）当安全锁锁住钢丝绳后，应向上运行，将安全锁打开，吊篮方能继续上下工作。平台悬挂在空中时，不能拆装。

（8）提升器采用 20 号机械油，润滑油应定期更换，第一次使用时间 20～30 天需换新油，以后可根据情况 6～12 个月更换一次。

（9）当上限位报警器作用后，平台自动停止，这时应将平台降低，使上限位触头脱离上限位块。

（10）平台内载荷应大致均布，避免发生倾斜现象。

（11）符合有关高空作业规定，一般在雷雨、大雾天气或 6 级风以上不宜使用。

（12）吊篮使用结束后，关闭控制箱及总电源，并将提升器、安全锁用塑料纸包扎，防止雨水渗入。

（13）吊篮不适用于酸碱液体、气体下使用，确需使用吊篮时，应将提升器、安全锁与腐蚀性气体、液体隔离，并小心使用。

2. 遵循原则

（1）电动吊篮拖运重设备时，长形设备如顺长度方向拖拉时，捆绑点位置应在重心的前端。横拉时，两个捆绑点位置应在距重心等距离的两端。

（2）吊装细长设备的吊点位置（管桩、钢板桩、塔类或混凝土柱、钢柱、钢梁杆件）都应事先计算，然后按照计算的吊点位置捆绑千斤绳，否则设备或杆件会因力矩作用导致不平衡或旋转，甚至使构件弯曲变形、折断或倾翻，造成事故。

（3）电动吊篮吊运各种机械设备、构件的吊点位置时，要用原设计的吊耳。

（4）吊运各种设备与构件，如没有吊耳或吊环，可在设备两端 4 个点上捆绑吊索，然后根据设备具体情况选择吊点，使吊点与重心在同一条铅垂线上。

（5）在水平吊装细长形设备时，电动吊篮两吊点位置应在距重心等距离的两端（即重心在中央），吊力的作用线应通过重心，竖吊设备时，吊点位置应在重心的上端。吊运方形设备时，4 根千斤绳应拴在重心的四边。

3. 禁忌事项

（1）严禁在高压电源危险区域进行冒险作业。

（2）严禁在没有栏杆或其他安全措施的高处作业以及在单行墙面上行走。

（3）严禁在高压电源危险区域进行冒险作业。

（4）严禁穿拖鞋、不戴安全帽和工作证以及携带小孩进入建筑吊篮施工现场作业。

（5）严禁带危险品、易燃品在操作现场吸烟、生火。

（6）作业人员严禁饮酒、带病进行电动吊篮高空作业。

4．相关要点

（1）电动吊篮的拆除必须降到地面后方可有人进入拆除。调直保险锁钢丝绳，落下垂锤，然后缓慢地将钢丝绳从保险锁内提出。拆卸电缆线，从地面抽到屋面盘好捆紧。

（2）在拆除挑梁时，卸下支架，搬开配重铁，整齐码放，待运。

（3）电动吊篮内铺设跳板时，脚手板材质应符合要求，满铺，绑牢，不得有探头板。

（4）电动吊篮外侧要用密目式保险网封闭，多层作业要设置防护顶板隔离层，作业时电动吊篮要与建筑物连接牢固。

（5）在拆除电动吊篮时，想要更加有效地进行，掌握它的拆除要点能够起到事半功倍的效果，相关操作人员了解这些知识都是非常有必要的。

7.6 紧急情况处理

在施工中，如遇到如下特殊情况，应保持镇静，并采取相应的应急措施。

1．施工突然停电

（1）施工中突然停电时，应立即切断电箱电源开关，防止送电时发生意外，待接到来电通知后再合上电源开关，并经检查正常后开始工作。如停电后需返回地面时，应同时抬起两端提升机电机滑降手柄，使悬吊平台自由滑降至地面。

（2）悬吊平台在升、降过程中如松开按钮后仍不能停止时，应立即按下电箱门上的红色紧停开关，使悬吊平台紧急停止。然后切断电箱电源开关，检查接触器接触情况，清理接触器表面粘附油垢杂质，手按接触器能恢复正常动作后，合上电源开关，旋动紧停开关使其恢复原位后继续工作。如故障仍不能排除时，应切断电源开关，采用手动滑降方法将悬吊平台降至地面进行检修。

（3）安全锁在工作时无需人工操作，它的作用是当提升系统出现故障而导致吊篮超速下降时，能自动锁定在安全钢丝绳上，使吊篮停止下降保证人机安全。当故障排除，需重新打开安全锁时，应先点动吊篮上升，使安全锁稍松后，方可扳动开启手柄，打开安全锁。严禁在安全钢丝绳绷紧情况下，硬性扳动开启手柄，以免损坏安全锁。不要在安全锁锁闭后开动机器下降，这样极易引起提升机严重损坏。

2．工作钢丝绳卡塞在提升机内

工作钢丝绳卡塞在提升机内时，应立即停机。严禁反复升、降进行强行解脱。在确保安全的情况下，撤离悬吊平台内的施工人员，派经过专业培训的维修人员进入悬吊平台进行维修。首先将安全钢丝绳缠绕于两端提升机安装架上，用绳扣将安全钢丝绳两端扣紧。然后松开两端安全锁摆臂滚轮的保护环，将工作钢丝绳与滚轮脱开，使两端安全锁处于锁绳状态。采取上述安全措施后，取下提升机检查，并退出卡塞的钢丝绳，必要时可将故障钢丝绳截断和打开提升机箱盖进行检查，并取出留在提升机内的钢丝绳。同时在悬挂机构的相应位置换上新的钢丝绳，将换好的钢丝绳重新放下和穿入提升机内拉紧钢丝绳，然后将工作钢丝绳装入安全锁摆臂滚轮槽中，装好保护环，使安全锁打开后，将悬吊平台提升0.5m左右停止，取出安全钢丝绳上的绳扣和将安全钢丝绳放至悬垂位置，再将悬吊平台下降至地面，经过严格检查、维修方允许继续使用。

7.7 各类安全资料

1. 电动吊篮的安装、调试安全技术交底（表7.7-1）

电动吊篮的安装、调试安全技术交底 表7.7-1

工程名称		交底日期		年 月 日
施工单位		分项工程名称		电动吊篮的安装、调试
交底提要				

交底内容：
吊篮安装安全注意事项：
1. 必须严格按照说明书要求进行各部分安装。
2. 屋面悬挂机构是吊篮的"根"。它直接关系到作业人员的生命安全,安装时必须注意下列事项：
 (1)仔细检查所有待安装受力构件有无明显弯曲、扭曲或局部变形;检查焊缝有无裂纹、裂缝;检查受力构件表面锈蚀情况,其锈蚀深度不得大于厚度的10%。凡是有缺陷的受力构件坚决更换或修复后再用。
 (2)必须安装厂家所配的全部零件和构件,不得少装或漏装;不得采用代用品替代厂家配件;更不得用不同厂家的零部件,混装电缆整机;不得用小尺寸或低强度等级的紧固件代替大尺寸、高强度等级的紧固件;不准未安装前支架,就将横梁直接固定在女儿墙或其他支撑物上。当现场确无安装前支架条件时,必须在本厂技术人员指导下,采用有效补偿措施后,方可将横梁固定在女儿墙或其他支撑物上。
 (3)前横梁外伸悬臂距离不得大于本说明书规定的最大极限尺寸;前后支柱间距不得小于本说明书规定的最小极限尺寸;配重压铁数量不得小于说明书规定数量,并且与后支架之间的连接必须稳定可靠。
 (4)前支柱与支承面的接触应扎实稳定。吊篮工作时,前、后支柱的脚轮必须脱离支承面,应在其附近垫实方木,不得靠脚轮承载。
 (5)悬挂机构横梁安装应保持水平,在横梁全长范围内其水平高度差,不得大于100mm,而且只允许前高后低,不允许前低后高。
 (6)悬挂机构在安装前,应检查纤绳是否存在损伤或缺陷。确定合格后按前述要求安装绳夹,张紧纤绳时,必须严格按说明书要求进行,不得使纤绳过松或过紧。过松会使横梁受力过大,过紧会使横梁失稳破坏。
 (7)两组悬挂机构吊点之间的安装距离与工作篮两吊点间距相等,其误差≤50mm。
 (8)前支柱不得安装在女儿墙外。
3. 工作钢丝绳和安全钢丝绳安装前应逐段仔细地检查是否存在损伤或缺陷,并且对绳上附着的涂料、水泥、玻璃胶等污物彻底清理。对不符合要求的钢丝绳坚决更换,将检查合格的钢丝绳按前述要求安装绳夹,然后稳妥地安装在悬挂机构的相应吊点上,最后认真检查紧固件或插接件是否安装到位,工作钢丝绳上部的升高限位块和安全钢丝绳下部的压铁安装是否符合要求。
 注意:钢丝绳必须符合使用说明书规定的类型、规格尺寸、破断拉力等要求,不得使用价格低廉的伪劣产品代用。
4. 安全保险绳在安装前逐根严格检查有无损伤。将检查合格的安全保险绳独立固定在屋顶可靠的固定点上,绳头固定必须牢靠,在接触建筑物的转角处采取保护措施,避免被磨断。
5. 提升机在安装前必须确定是经过检修和保养合格的,安装时必须采用专用螺栓将其可靠地固定在工作篮吊架上。
6. 安全锁在安装前必须确定是在有效标定期内,安装时也必须采用专用螺栓。
7. 工作篮安装前应仔细检查受力部分有无明显弯曲或局部变形,焊缝有无开裂,锈蚀是否超标,紧固件是否完整,确定各部分合格后,再进行安装。
8. 吊篮整机安装完毕,必须请熟悉吊篮标准和性能的安全员或设备管理员按上述注意事项和相关标准严格检查,然后进行试运行动态检查。检查项目及要求按吊篮安装检查验收项目表,并且按以下步骤进行整机试运行：
 (1)按上升按钮使工作篮两端离地。
 (2)将工作篮两端调平,然后上升至工作篮底部离地1m左右。
 (3)关闭一端提升机,操作另一端提升机下降,直至安全锁绳,然后测量工作篮底部距地面高度差,是否符合标准锁绳距离,左右两端安全锁的检查方法对称。
 (4)上、下运行3次,行程不小于5m,检查提升机运行是否正常,有无异常声响。
 (5)将工作篮上升至离地面5m左右,试验手动滑降是否平稳正常。
 (6)将工作篮上升至顶部,试验升高限位装置是否灵敏、有效。
 (7)加125%的额定载重将工作篮上升离地1.5m左右,试验吊篮超载能力(正常作业严禁超载)。
9. 检查合格后,办理安装验收手续,由检查人员签章后,方可投入使用

审核人		交底人		接受交底人	

2. 电动吊篮的使用安全技术交底（表 7.7-2）

电动吊篮的使用安全技术交底

表 7.7-2

工程名称		交底日期		年　月　日
施工单位		分项工程名称		电动吊篮的使用作业
交底提要				

交底内容：
操作和使用：
1. 工作篮上下运动的操作：
合漏电开关，检查急停按钮是否松开。按启动按钮，信号灯亮，主接触器吸合。使选择开关的旋钮扳至中间位置，则左右两电机处于同时工作状态。按上升按钮，上升接触器同时吸合，工作篮上升，按下降按钮，下降接触器同时吸合，工作篮下降。
2. 工作篮水平调整的操作：
工作篮升降时，如出现不水平情况时，可利用电机单边工作来调整，方法如下：假如工作篮左边低，可使旋钮扳至左位，按上升按钮，直至水平为止。工作篮两端都可以单独调整，由操作者自选操作方法，非常简便。特殊订货增加水银开关的配电箱，吊篮下降时能自动调平，上升时可用选择开关控制左右电机进行调平。
3. 突然停电时的操作：
应按下急停按钮，切断主回路，然后逆时针同时缓慢旋动两台盘式电机端部的手柄，使工作篮靠自重缓慢下降。
4. 出现紧急情况的操作：
如出现紧急情况应立即按下急停按钮，迅速切断主电源回路。
5. 上限位开关的使用：
在悬吊钢丝绳的上部设有上限位止挡，限位开关触及上限位止挡后，电机应停止向上运行，报警蜂鸣器响，此时，工作吊篮无法上行，只能下行，操作前应先检查限位开关是否工作可靠电源相序连接必须正确（当按上升按钮时，吊篮须做上升运动，如相反则必须改变相序使之正确）。
6. 电源插座的使用：
电气控制箱的电源插座可作照明和手动工具电源使用，但严禁接触漏电开关、急停按钮、启动按钮、限位开关等电气设备，以免损坏电气线路及元器件。
7. 操作人员要求：
(1)经正规培训，考核合格者。
(2)无不适应高处作业的疾病和生理缺陷。
(3)作业时应佩戴附本人照片的特种作业安全操作证。
(4)作业时应佩戴安全帽，使用安全带，安全带上的自锁钩应扣在单独悬挂于建筑物顶部牢固部位的安全保险绳上。
(5)酒后、过度疲劳、情绪异常者不得上岗。
(6)不允许单独一人进行作业。
(7)不允许穿拖鞋或塑料底等易滑鞋进行作业。
(8)作业人员必须在地面进出工作篮，不得在空中攀缘窗口出入。
(9)不允许作业人员从一悬挂篮跨入另一悬挂篮体。
(10)作业人员发现事故隐患或者不安全因素，有权要求单位领导采取相应劳动保护措施。
(11)对管理人员违章指挥、强令冒险作业，有权拒绝执行。
8. 操作环境：
(1)严禁雨雪天进行作业。
(2)工作处阵风风速大于 8.3m/s(相当于 5 级风力)时，不准进行作业。吊篮正常工作时，电压应保持在 380±19V 范围内，当现场电源电压低于 342V 时，不得进行作业。
(3)当现场电源电压在 361~342V 范围内或环境温度超过 40℃或海拔高度超过 1000m 时吊篮的最大载质量不得超过额定载质量的 80%。
(4)作业高度超过 100m 时，应配置电缆抗拉保护绳，而且相应减少工作篮中的最大载荷(即减去大于 100m 的钢丝绳和电缆线的重量，约合 2kg/m)。
(5)施工范围下方如有道路时，必须设置警示线或安全护栏，并且在附近设置醒目的警示标志或配置安全监督员。
(6)夜间施工时，现场应有充足的照明设备，其照度应大于 150lx。
9. 电气系统：
(1)电源应由用户另设漏电保护装置。
(2)吊篮电气系统接入电源时，必须检查相序是否正确，否则限位开关不能正常工作。
(3)电气系统相间绝缘电阻为 0.5MΩ；电气系统与机壳间绝缘电阻为 2MΩ。
(4)电气系统接地电阻为 4Ω，接零电阻为 0.1Ω。
(5)必须将电源电缆固定在工作篮栏杆上，避免电源线插头直接承受悬吊力。
(6)在工作钢丝绳上端必须安装升高限位块，限制工作篮最大提升高度，防止冒顶

审核人		交底人		接受交底人	

3. 电动吊篮验收表（表 7.7-3）

电动吊篮验收表 表 7.7-3

租赁单位			型号			编号	
工程名称			生产厂家			验收日期	
序号	验收项目	验收内容				验收结果	备注
1	吊篮结构	结构件应无开焊、无裂纹及永久性变形、腐蚀等现象,吊篮底板应无腐蚀、无扭曲、无裂纹、无破损等现象,吊篮围板应无裂纹、无开焊、无硬弯					
		具有专用开关箱和操作箱;安装急停装置,各操作按钮有明显标示					
		两片吊篮同时升降时应设置同步升降装置并灵敏可靠,吊篮应装有安全锁且灵敏可靠					
		吊篮应有保险装置并完好,钢丝绳规格应满足设计要求,保养良好,绳卡不少于 3 个并正确使用,钢丝绳不得接长使用					
		挑梁应无开焊、无变形、无裂纹等现象,配重重量应达到标准要求、并无破损					
2	安全装置	各种限位保险应配置齐全有效,安装牢固					
3	电气系统	电动机配备应符合要求,并完好无破损,开关等配电装置齐全有效,绝缘良好					
4	验收意见	租赁单位负责人意见		签字			
		安装负责人意见		签字			
		机械管理员意见		签字			
		项目负责人意见		签字			

8 常用中小型机具

>>>

8.1 建筑工程中小型机具概述

建筑工程中小型机具主要有电焊机、钢筋切断机、钢筋调直机、钢筋弯曲机、圆盘锯等，主要使用于钢筋加工、木工加工等。

8.2 电焊机

8.2.1 电焊机概述

电焊机（图 8.2-1）是利用正负两极在瞬间短路时产生的高温电弧来熔化电焊条上的焊料和被焊材料，使被接触物相结合的目的。其结构十分简单，就是一个大功率的变压器。电焊机一般按输出电源种类可分为两种，一种是交流电源、一种是直流电源。他们利用电感的原理，电感量在接通和断开时会产生巨大的电压变化，利用正负两极在瞬间短路时产生的高压电弧来熔化电焊条上的焊料，以使它们达到原子结合的目的。

图 8.2-1　电焊机

8.2.2 电焊机检查要点

（1）作业人员是否持有效证件。

（2）作业人员劳保用品配备情况，如：防尘口罩、焊帽、绝缘手套、绝缘鞋等。

（3）电焊机电源线敷设、保护情况，是否有破损等。

（4）动火作业是否审批，消防设施是否齐全，焊渣是否进行有效控制。

8.2.3 安全注意事项及操作规程

（1）焊接操作及配合人员必须按规定穿戴劳动防护用品，并且必须采取防止触电、高空坠落、火灾等事故发生的安全措施。

（2）电焊机应设有防雨、防潮、防晒的机棚，并应装设相应的消防器材。

（3）焊接现场 10m 范围内，不得堆放油类、木材、氧气瓶、乙炔发生器等易燃、易爆物品。

（4）使用前应检查并确认初、次级线接线正确，输入电压符合电焊机铭牌规定，接通电源后，严禁接触初级线路带电部分。初、次级接线处必须装有防护罩。

（5）次级抽头连接铜板应压紧，接线柱应有垫圈。合闸前，应详细检查接线螺母、螺栓及其他部件并确认完好齐全、无松动或损坏。接线柱处均有保护罩。

（6）多台电焊机集中使用时，应分别接在三相电源网络上，使三相负载平衡。多台焊机的接地装置，应分别由接地极处引接，不得串联。

（7）移动电焊机时，应切断电源，不得用拖拉电缆的方法移动焊机。当焊接中突然停电时，应立即切断电源。

（8）严禁在运行中的压力管道、装有易燃易爆物的容器和受力构件上进行焊接。

（9）焊接铜、铝、锌、锡、铅等有色金属时，必须在通风良好的地方进行，焊接人员应戴防毒面具或呼吸滤清器。

（10）在容器内施焊时，必须采取以下的措施：容器上必须有进、出风口，并设置通风设备；容器内的照明电压不得超过 12V，焊接时必须有人在场监护。严禁在已喷涂过油漆或胶料的容器内焊接。

（11）焊接预热件时，应设挡板隔离预热焊件发出的辐射热。

（12）高空焊接时，必须挂好安全带，焊件周围和下方应采取防火措施并有专人监护。

（13）电焊线通过道路时，必须架高或穿入防护管内埋设在地下，如通过轨道时，必须从轨道下面穿过。

（14）接地线及手把线都不得搭在易燃、易爆和带有热源的物品上，接地线不得接在管道、机床设备和建筑物金属构架或铁轨上，绝缘应良好，接地电阻不应大于 4Ω。

（15）雨天不得露天电焊。在潮湿地带工作时，操作人员应站在铺有绝缘物品的地方并穿好绝缘鞋。

8.3 钢筋切断机

8.3.1 钢筋切断机概述

钢筋切断机（图 8.3-1）是一种剪切钢筋所使用的工具，分为全自动钢筋切断机和半自动钢筋切断机。它主要用于工程建筑中对钢筋的定长切断，是钢筋加工环节必不可少的设备。与其他切断设备相比，具有重量轻、耗能少、工作可靠、效率高等优点，因此在机械加工领域得到了广泛采用。

图 8.3-1　钢筋切断机

8.3.2　钢筋切断机检查要点

（1）机械外壳接地是否缺失或损坏。

（2）传动部分防护罩是否缺失、松动。

（3）控制开关是否灵敏有效。

8.3.3　安全注意事项及操作规程

（1）接送料的工作台面应与切刀下部保持水平，工作台的长度可根据材料长度确定。

（2）启动前，应检查并确认切刀无裂纹，刀架螺栓紧固，防护罩牢靠。然后用手转动皮带轮，检查齿轮啮合间隙，调整切刀间隙。

（3）启动后，应先空运转，检查各传动部分及轴承运转正常后，方可作业。

（4）机械未达到正常转速时，不得切料。切料时，应使用切刀的中、下部位，紧握钢筋对准刃口迅速投入，操作者应站在固定刀片一侧用力压住钢筋，应防止钢筋末端弹出伤人。严禁用两手分别在刀片两边握住钢筋俯身送料。

（5）不得剪切直径及强度超过机械铭牌规定的钢筋和烧红的钢筋。一次切断多根钢筋时，其总截面积应在规定范围内。

（6）剪切低合金钢筋时，应更换高硬度切刀，剪切直径应符合机械铭牌的规定。

（7）切断短料时，手和切刀之间的距离应保持在 150mm 以上，如手握端小于 400mm 时，应采用套管或夹具将钢筋端头压住或夹牢。

（8）运转中，严禁用手直接清除切刀附近的断头和杂物。钢筋摆动周围和切刀周围，不得停留非操作人员。

（9）当发现机械运转不正常、有异常响声或切刀歪斜时，应立即停机检修。

（10）作业后，应切断电源，用钢刷清除切刀间的杂物，进行整机清洁润滑。

（11）液压传动式切断机作业前，应检查并确认液压油位及电动机旋转方向符合要求。启动后，应空载运转，松开放油阀，排净液压缸体内的空气，方可进行切筋。

8.4 钢筋调直机

8.4.1 钢筋调直机概述

钢筋调直机（图 8.4-1）是由高速转子旋转调直丝模角度，达到调直的效果，然后通过叨丝轮向前叨丝。达到要求尺寸后，丝碰到定位键后把跑道向前推进 5mm，上方冲头压住竖切丝刀就立刻切断，钢筋通过竖丝刀上的压板压住开口轴承，就自动掉至托丝架。

图 8.4-1　钢筋调直机

8.4.2 钢筋调直机检查要点

（1）机械外壳接地情况。

（2）电气控制箱是否灵敏有效。

（3）圆盘钢材固定是否稳固，是否采取隔离措施，是否有其他人员在作业区域走动。

（4）电器、传动部位防护罩是否完好。

8.4.3 安全注意事项及操作规程

（1）料架、料槽应安装平直，并应对准导向筒、调直筒和下切刀孔中心线。

（2）应用手转动飞轮，检查传动机构和工作装置，调整间隙，紧固螺栓，确认正常后启动空运转，并应检查轴承无异响，齿轮咬合良好，运转正常后方可作业。

（3）按所调直钢筋直径，选用适当的调直块、曳引轮槽及传动速度。调直块的孔径应比钢筋直径大 2～5mm，曳引轮槽宽度与所调直钢筋直径相同。传动速度应根据钢筋直径选用，直径大的宜选用慢速，经调试合格，方可送料。

（4）调直块的调整。一般的调直筒内有 5 个调直块，第 1、第 5 两个调直块须放在中心线上，中间 3 个可偏离中心线。先使钢筋偏移 3mm 左右的偏移量，经过试调，如钢筋仍有弯，逐渐加大偏移量，直到调直为止。

（5）切断 3、4 根钢筋后需停机检查长度是否合适，如有偏差，可调整限位开关或定尺板，直至适合为止。

（6）送料前，应将不直的钢筋接头切除，导向筒前安装一根长 1m 的钢管。被调直的钢筋应先穿过钢管，再穿入导向筒和调直筒，以防钢筋调直完毕时弹出伤人。

（7）在调直块未固定，防护罩未盖好前，不得穿入钢筋，以防止开动机器后，调直块飞出伤人。作业中严禁打开各部位防护罩并调整间隙。机械上不准堆放物体，以防止机械振动物体落入机体。钢筋装入压滚，手与滚筒应保持一定的距离。

（8）钢筋调直到末端时，人员必须躲开，以防甩动伤人。短于 2m 或直径大于 9mm 的钢筋调直，应低速加工。

8.5 钢筋弯曲机

8.5.1 钢筋弯曲机概述

钢筋弯曲机是钢筋加工机械之一。工作机构是一个在垂直轴上旋转的水平工作圆盘，支承销轴固定在机床上，中心销轴和压弯销轴装在工作圆盘上，圆盘回转时便将钢筋弯曲。为了弯曲各种直径的钢筋，在工作盘上有几个孔，用以插压弯销轴，也可相应地更换不同直径的中心销轴，如图 8.5-1 所示。

图 8.5-1 钢筋弯曲机

8.5.2 钢筋弯曲机检查要点

（1）外壳接地是否完好。

（2）控制开关是否灵敏有效。

（3）电器、传动部位防护罩是否完好。

8.5.3 安全注意事项及操作规程

（1）检查机械性能是否良好、工作台和弯曲机台面保持水平，准备好芯轴工具挡。

（2）按加工钢筋的直径和弯曲机的要求装好芯轴、成型轴、挡铁轴或可变挡架，芯轴直径应为钢筋直径的 2.5 倍。

（3）检查芯轴、挡块、转盘应无损坏和裂纹，经空机运转确认正常后方可作业。

（4）作业时，将钢筋需弯的一头插在转盘固定备有的间隙内，钢筋弯曲机另一端紧靠机身固定并用手压紧，检查机身固定，确认固定在挡住钢筋的一侧方可开动。

（5）作业中严禁更换芯轴和变换角度以及调速等作业，亦不得加油或清除。

（6）弯曲钢筋时，严禁加工超过机械规定的钢筋直径、根数及机械转速。

（7）弯曲高硬度或低合金钢筋时，应按铭牌规定换最大限制直径，并调换相应的芯轴。

（8）严禁在弯曲钢筋的作业半径内和机身不设固定的一侧站人。弯曲好的半成品应堆放整齐，弯钩不得朝上。

（9）转盘换向时，必须在停稳后进行。

（10）作业完毕、清理现场、保养机械、断电锁箱。

8.6　圆盘锯

8.6.1　木工圆盘锯概述

木工圆盘锯主要结构是由两张锯片和两个主轴组成，锯床身都是采用 6～12mm 的钢板焊接而成的，稳定牢固美观，能够保证锯切设备工作时避免倾斜和扭曲变形，所以固定工作台于床身顶部，采用铸造件，并设有导板和调节机构。安放木工圆盘锯要求要达到横平竖直，才会在工作时达到更好的效率，如图 8.6-1 所示。主电机通过三角带传动。

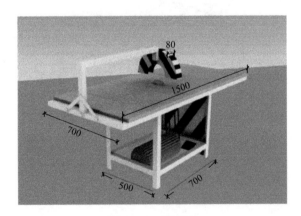

图 8.6-1　圆盘锯

8.6.2　圆盘锯检查要点

（1）刀片上方是否按照要求设置防护罩，或防护罩是否按照要求使用。

（2）周边锯末是否及时清理，消防器材是否配备、有效。

（3）禁止使用倒顺开关。

（4）电器、传动部位防护罩是否完好。

8.6.3　安全注意事项及操作规程

（1）圆盘锯在进入施工现场，必须经过验收，安装三级配电二级保护，电气开关良好

（必须采用单向按钮开关），熔丝规格符合规定，确认符合使用要求，应挂上合格牌。

（2）锯片上方必须安装保险挡板和滴水装置，在锯片后面离齿10～15mm处，必须安装弧形楔刀。锯片的安装，应保持与轴同心。皮带传动处应有防护罩。

（3）锯片必须平整，锯口要适当，锯片与主动轴匹配、紧固。锯片必须锯齿尖锐，不得连续缺两个齿，裂纹长度不得超过20mm，裂缝末端应冲止裂孔。

（4）操作前应检查机械是否完好，锯片是否有断裂现象，并装好防护罩，运转正常后方能投入使用。

（5）操作人员应戴安全防护眼镜；不得站在锯片离心力面上操作，手不得跨越锯片。

（6）木料锯到接近端头时，应由下手拉料进锯，上手不得用手直接送料，应用木板推送。锯料时，不准将木料左右搬动或抬高；送料不得用力过猛，遇木节要减慢进锯速度，以防木节弹出伤人。

（7）锯短料时，应使用推棍，不准直接用手推，进料速度不得过快，下手接料必须使用刨钩。刨短料时，料长不得小于锯片直径的1.5倍，料高不得大于锯片直径的1/3。截料时，截面高度不准大于锯片直径的1/3。

（8）锯线走偏，应逐渐纠正，不准猛扳。锯片运转时间过长，温度过高时，应用水冷却，直径60cm以上的锯片在操作中，应喷水冷却。

（9）木料若卡住锯片时，应立即停止后处理。

（10）圆锯片安装不正确，锯齿因受力较大而变钝后，锯切时引起木材飞掷伤人。

（11）圆锯片有裂缝、凹凸、歪斜等缺陷，锯齿折断使得圆锯片在工作时发生撞击，引起木材飞掷或圆锯本身破裂伤人等危险。

（12）安全防护缺陷，如传动皮带防护缺陷、护手安全装置残损、未做保护接零和漏电保护或其装置失效等，引发安全事故。

（13）操作人员应遵守施工现场的劳动纪律，着装整齐，施工现场禁止吸烟、追逐打闹和酒后作业，进入现场戴合格安全帽，系好下颏带，锁好带扣。

（14）工作场所应备有齐全可靠的消防器材。工作场所严禁吸烟和明火，并不得存放油、棉纱等易燃品。

（15）工作场所的待加工和已加工木料应堆放整齐，保证道路畅通。机械应保持清洁，安全防护装置齐全可靠，各部连接紧固，工作台上不得放置杂物。

（16）作业完毕后将碎木料、木屑清理干净并拉闸断电，配电箱上锁，木工房同时也上锁。

（17）圆盘锯必须专用，不得一机多用。使用电源必须一机一闸一箱，严格禁止一箱或一闸多用。

（18）作业人员严禁戴手套操作、长发外露操作。

（19）圆盘锯严禁使用倒顺开关，修理机具时必须先拉闸断电，并设警示牌，安排专人看护。

（20）作业结束后，应切断电源，锁好闸箱，对锯片进行擦拭、润滑保养、同时清理木屑、刨花等。

8.7 各类安全资料

1. 电焊机使用安全技术交底（表 8.7-1）

电焊机使用安全技术交底 表 8.7-1

工程名称		交底日期	年 月 日
施工单位		分项工程名称	电焊机使用作业
交底提要			

交底内容：

1. 基本要求：

(1)作业人员必须是经过专业培训和考试合格,取得特种作业操作证持证上岗。

(2)作业人员必须经过入场安全教育,考核合格后才能上岗作业。

(3)必须一人作业,一人监护,作业人员穿绝缘鞋,停电验电后再作业。

(4)进入施工现场必须戴好合格的安全帽,系紧下颏带,锁好带扣,高处作业必须系好合格的安全带,系挂牢固,高挂低用。

(5)进入施工现场禁止吸烟,禁止酒后作业,禁止追逐打闹,禁止操作与自己无关的机械设备,严格遵守各项安全操作规程和劳动纪律。

2. 安装使用要求：

(1)电焊机安装前应:

1)先检查外观是否完好,各转动部件是否正常,各连接部位是否牢固。

2)摇测一次线圈对二次线圈的绝缘电阻值不小于300MΩ。

3)摇测一次线圈对金属外壳的绝缘电阻值不小于300MΩ。

4)摇测二次线圈对金属外壳的绝缘电阻值不小于300MΩ。

5)检查电流调节开关是否完好、灵活可靠。

(2)电焊机安装在专用防雨、防砸棚栏内,控制箱内安装防触电装置,控制箱安装在防护栏一端预留位置。电焊机的控制箱必须是独立的,容量符合焊接要求,控制装置应能可靠地切断设备最大额定电流。

(3)电焊机一次侧电源线选用 YC-3×10 橡套电缆长度小于5m。控制箱保护零线端子板、焊机金属外壳与保护零线可靠连接。注意一次二次线不可接错,输入电压必须符合电焊机的铭牌规定。

(4)电焊机一二次侧防护罩齐全,电源线压接牢固并包扎完好无明露带电体,把线与焊机采用铜质接线端子,焊把线长度不大于30m,并且双线到位,导线完好无破损。

(5)焊机使用、摆放在防雨、干燥和通风良好,远离易燃易爆物品和便于操作的位置。

(6)搬运时必须切断电源,将电焊机电源线从控制开关下口拆除后再搬运

审核人		交底人		接受交底人	

注：1. 本表头由交底人填写,交底人与接受交底人各保存一份,安全员一份;

2. 当做分部、分项施工作业安全交底时,应填写"分部、分项工程名称"栏;

3. 交底提要应填写交底重要内容。

2. 圆盘锯使用安全技术交底（表8.7-2）

圆盘锯使用安全技术交底 表8.7-2

工程名称		交底日期	年　　月　　日
施工单位		分项工程名称	圆盘锯使用作业
交底提要			

交底内容：

1. 保持持证人员熟知安全操作知识，作业前进行安全教育。

2. 进入现场戴合格安全帽，系好下颏带，锁好带扣。

3. 操作人员遵守施工现场的劳动纪律，着装整齐，不得光背、穿拖鞋，施工现场禁止吸烟、追逐打闹和酒后作业。

4. 电圆锯应安装在密封的木工房内并装设防爆灯具，严禁装设高温灯具（如碘钨灯）等，并配备灭火器。

5. 班前检查电锯传动部分的防护、分料器、电锯上方的安全挡板、电器控制元件等灵敏可靠。

6. 检查锯片必须平整，锯齿要尖锐，锯片上方必须装设保险挡板和滴水装置，锯片安装在轴上，应保持正对中心（轴心）。

7. 作业时不得使用连续缺两个齿的锯片，如有裂纹，其长度不得超过2cm，裂缝末端须冲一个止缝孔。

8. 锯齿必须在同一圆周上，被锯木料厚度，以使锯齿能露出木料1～2cm为限。启动后，须待转速正常后方可进行锯料，锯料时不得将木料左右晃动或高抬，锯料长度不应小于锯片直径的1.5～2.0倍。木料锯到接近端头时，应用推棍送料，不得用手推送。

9. 操作人员尽可能避免站在与锯片同一直线上操作，手臂不得跨越锯片工作。如锯线走偏，应逐渐纠正，不得猛扳，以免损坏锯片。

10. 锯片运转时间过长温度过高时，应用水冷却，直径60cm以上的锯片，在操作中应喷水冷却。

11. 作业完毕后将碎木料、木屑清理干净并拉闸断电，配电箱、木工房上锁。

12. 圆锯盘必须专用，不得一机多用。

13. 圆锯盘使用电源必须一机一闸一箱，严格禁止一箱或一闸多用。

14. 作业人员严禁戴手套操作、长发外露。

15. 圆盘锯严禁使用倒顺开关。

16. 修理机具时必须先拉闸断电，并设警示牌，设专人看护

审核人		交底人		接受交底人	

注：1. 本表头由交底人填写，交底人与接受交底人各保存一份，安全员一份；

　　2. 当做分部、分项施工作业安全交底时，应填写"分部、分项工程名称"栏；

　　3. 交底提要应填写交底重要内容。

9 常见土石方机械

>>>

9.1 土石方机械概述

土石方机械包括：挖掘、铲运、推运或平整土壤和砂石等的机械。广泛用于建筑施工、水利建设、道路构筑、机场修建、矿山开采、码头建造、农田改良等工程中。

9.2 土石方机械分类

准备作业机械、铲土运输机械、挖掘机械、平整作业机械、压实机械和水力土方机械等。

9.3 挖掘机

9.3.1 挖掘机械概述

单斗挖掘机、挖掘机（图 9.3-1），又称挖掘机械，又称挖土机，是用铲斗挖掘高于或低于承机面的物料，并装入运输车辆或卸至堆料场的土方机械。挖掘机挖掘的物料主要是土壤、煤、泥沙以及经过预松后的土壤和岩石。从近几年工程机械的发展来看，挖掘机的发展相对较快，挖掘机已经成为工程建设中最主要的工程机械之一。挖掘机的 3 个参数：操作重量（质量）、发动机功率和铲斗斗容。

图 9.3-1 挖掘机

150

9.3.2 挖掘机检查要点

（1）操作人员是否持证上岗，是否有定期检验报告。

（2）作业范围内是否有人员逗留，是否进行警戒，作业过程中是否保证安全距离，两台挖机间距大于 10m。

（3）各机构是否完好。

9.3.3 挖掘机构成

常见的挖掘机结构包括：动力装置，工作装置，回转机构，操纵机构，传动机构，行走机构和辅助设施等。

1. 行走装置

（1）行走装置即底盘，包括履带架和行走系统，主要由履带架、行走电机＋减速机及其管路、驱动轮、导向轮、托链轮、支重轮、履带、张紧缓冲装置组成，其功能为支撑挖掘机的重量，并把驱动轮传递的动力转变为牵引力，实现整机的行走。

（2）车架总成（即履带行走架总成）为整体焊接件，采用 X 形结构，其主要优点是具有较高的承载能力，车架总成由左纵梁（即左履带架）、主车架（即中间架）、右纵梁（即右履带架）三部分焊接而成，车架总成的重量约为 2t。

（3）中央回转接头是连接回转平台与底盘油路的液压元件，它保证回转平台旋转任意角度后，行走电机还能正常配油，现用回转接头是 5 通。

2. 工作装置

（1）工作装置是液压挖掘机的主要组成部分，目前 SY 系列挖掘机配置的是反铲工作装置，它主要用于挖掘停机面以下的土壤，但也可以挖掘最大切削高度以下的土壤，除了可以挖坑、开沟、装载外还可以进行简单平整场地工作。挖掘作业适应于开挖Ⅰ～Ⅳ级土，Ⅴ级以上用液压锤或需用爆破手段。

（2）反铲工作装置由动臂、斗杆、铲斗、摇杆、连杆及包含动臂油缸、斗杆油缸、铲斗油缸在内的工作装置液压管路等主要部分组成。

3. 动力传输路线表

（1）行走动力传输路线：柴油机→联轴节→液压泵（机械能转化为液压能）→分配阀→中央回转接头→行走电机（液压能转化为机械能）→减速箱→驱动轮→轨链履带→实现行走。

（2）回转运动传输路线：柴油机→联轴节→液压泵（机械能转化为液压能）→分配阀→回转电机（液压能转化为机械能）→减速箱→回转支承→实现回转。

（3）动臂运动传输路线：柴油机→联轴节→液压泵（机械能转化为液压能）→分配阀→动臂油缸（液压能转化为机械能）→实现动臂运动。

（4）斗杆运动传输路线：柴油机→联轴节→液压泵（机械能转化为液压能）→分配阀→斗杆油缸（液压能转化为机械能）→实现斗杆运动。

（5）铲斗运动传输路线：柴油机→联轴节→液压泵（机械能转化为液压能）→分配阀→铲斗油缸（液压能转化为机械能）→实现铲斗运动。

9.3.4 挖掘机安全操作注意事项

（1）挖掘机工作时，应停放在坚实、平坦的地面上。轮胎式挖掘机应把支腿支好。

（2）挖掘机工作时应当处于水平位置，并将行走机构刹住。若地面泥泞、松软和有沉陷危险时，应用枕木或木板垫妥。

（3）铲斗挖掘时每次吃土不宜过深，提斗不要过猛，以免损坏机械或造成倾覆事故。铲斗下落时，注意不要冲击履带及车架。

（4）配合挖掘机作业，进行清底、平地、修坡的人员，须在挖掘机回转半径以外工作。若必须在挖掘机回转半径以内工作时，挖掘机必须暂停回转，并将回转机构刹住后，方可进行工作。同时，机上机下人员要彼此照顾，密切配合，确保安全。

（5）挖掘机装载活动范围内，不得停留车辆和行人。若往汽车上卸料时，应等汽车停稳，驾驶员离开驾驶室后，方可回转铲斗，向车上卸料。挖掘机回转时，应尽量避免铲斗从驾驶室顶部越过。卸料时，铲斗应尽量放低，但注意不得碰撞汽车的任何部位。

（6）回转时用回转离合器配合回转机构制动器平稳转动，禁止急剧回转和紧急制动。

（7）铲斗未离开地面前不得做回转、行走。满载悬空时，不得起落臂杆和行走。

（8）拉铲作业中，拉满铲后，不得继续铲土，防止超载。拉铲挖沟、渠、基坑等项作业时，应根据深度、土质、坡度等情况与施工人员协商，确定机械离边坡的距离。

（9）反铲作业时，必须待臂杆停稳后再铲土，防止斗柄与臂杆沟槽两侧相互碰击。

（10）履带式挖掘机移动时，臂杆应放在行走的前进方向，铲斗距地面高度不超过1m。并将回转机构刹住。

（11）挖掘机上坡时，驱动轮应在后面，臂杆应在上面；挖掘机下坡时，驱动轮应在前面，臂杆应在后面。上下坡度不得超过20°。下坡时应慢速行驶，途中不许变速及空挡滑行。挖掘机在通过轨道、软土、黏土路面时，应铺垫板。

（12）在较高的工作面上挖掘散粒土壤时，应将工作面内的较大石块和其他杂物清除，以免塌下造成事故。若土壤挖成悬空状态而不能自然塌落时，则需用人工处理，不准用铲斗将其砸下或压下，以免造成事故。

（13）挖掘机不论是作业还是行走，都不得靠近架空输电线路。如必须在高低压架空线路附近工作或通过时，保持机械与架空线路的安全距离，严禁在架空高压线近旁或下面工作。

（14）在地下电缆附近作业时，必须查清电缆的走向，并用白粉显示在地面上，并应保持1m以外的距离进行挖掘。

9.4 装载机

9.4.1 装载机概述

装载机（图9.4-1）广泛用于公路、铁路、建筑、水电、港口、矿山等建设工程的土石方施工机械，它主要用于铲装土壤、砂石、石灰、煤炭等散状物料，也可对矿石、硬土等做轻度铲挖作业。换装不同的辅助工作装置还可进行推土、起重和其他物料如木材的装卸作业。

9.4.2 装载机检查要点

（1）各操作杆、制动踏板的行程符合说明书规定，动作灵活、准确。

（2）金属构件不得有弯曲、变形、开焊、裂纹；轴销安装可靠，各螺栓连接紧固。

（3）柴油机启动、加速性能良好，怠速平稳。

9.4.3 装载机构成

装载机构成包括：发动机，变矩器，变速箱，前、后驱动桥，简称四大件。

图 9.4-1 装载机

9.4.4 装载机安全操作注意事项

（1）严禁酒后操作，严禁精神失常的人操作。

（2）遵守交通部门的有关规定以及《汽车安全操作规程》的有关条文。

（3）装载机装有报警蜂鸣装置，在行驶作业中蜂鸣器"鸣叫"时，必须立即停车检查，排除故障（发动机刚启动时"鸣叫"为正常情况）。

（4）装载机不能在倾斜度较大的场地上作业；作业区内不准有障碍及无关人员；挖掘掌子面不得留伞沿，不得强挖顽石，不得利用铲斗吊重物及举人；推料时不得转向。

（5）发动机未停止运转前，操作人员不得离开驾驶室。夜间或在洞内作业时，车上灯光应齐全完好；作业区域必须有足够的照明。

（6）检查燃油时，不准吸烟，不能用明火照明。

（7）检查设备时，应把车辆停放在平坦地面上，检修人员进入车底前，必须用保险装置，预先将操作杆锁住。

（8）必须强制执行各级保养制度，认真进行润滑作业，及时检查机械运转情况。

9.5 推土机

9.5.1 推土机概述

推土机（图 9.5-1）是一种能够进行挖掘、运输和排弃岩土的土方工程机械，在露天矿有广泛的用途。例如，用于建设排土场，平整汽车排土场，堆集分散的矿岩，平整工作平盘和建筑场地等。它不仅用于辅助工作，也可用于开采工作。例如：砂矿床采矿，铲运机和犁岩机的牵引和助推，在无法运输开采时配合其他土方机械降低剥离台阶高度等。

9.5.2 推土机检查要点

（1）各操作杆、制动踏板的行程符合说明书规定，动作灵活、准确。

（2）金属构件不得有弯曲、变形、开焊、裂纹；轴销安装可靠，各螺栓连接紧固。

（3）柴油机启动、加速性能良好，平稳怠速。

153

图 9.5-1　推土机

9.5.3　推土机构成

履带式推土机主要由发动机、传动系统、工作装置、电气部分、驾驶室和机罩等组成。其中，机械及液压传动系统又包括液力变矩器、联轴器总成、行星齿轮式动力换挡变速器、中央传动、转向离合器和转向制动器、终传动和行走系统等。

9.5.4　推土机安全操作注意事项

（1）发动机启动后，严禁有人站在履带上或推土刀支架上。

（2）推土机工作前，工作区内如有大块石块或其他障碍物，应予以清除。

（3）推土机工作应平稳，吃土不可太深，推土刀起落不要太猛。推土刀距地面距离一般以 0.4m 为宜，不要提得太高。

（4）推土机通过桥梁、堤坝、涵洞时，应事先了解其承载能力，并以低速平稳通过。

（5）推土机在坡道上行驶时，其上坡坡度不得超过 25°，下坡坡度不得大于 35°，横向坡度不得大于 10°。在陡坡（坡度 25°以上）上严禁横向行驶，纵向在陡坡上行驶，不得做急转弯动作。上下坡应用低速挡行驶，并不许换挡。下坡时严禁脱挡滑行。

（6）在上坡途中，若发动机突然熄火时，应立即将推土刀放到地面，踏下并锁住制动踏板，待推土机停稳后，再将主离合器脱开，把变速杆放到空挡位置，用三角木块将履带或轮胎楔死，然后重新启动发动机。

（7）推土机在陡坡（坡度 25°以上）上进行推土时，应先进行填挖，待推土机能保持本身平衡后，方可开始工作。

（8）填沟或驶近边坡时，禁止推土刀越出边坡的边缘，并换好倒车挡后，方可提升推土刀，进行倒车。

（9）在深沟、陡坡地区作业时，应有专人指挥。

（10）推土机在基坑或深沟内作业时，应有专人指挥。基坑与深沟一般不得超过 2m。若超过上述深度时，应放出安全边坡。同时，禁止用推土刀侧面推土。

（11）推土机推树时，应注意高空杂物和树干的倒向。

（12）推土机推围墙或屋顶时，用大型推土机墙高不得超过 2.5m；用中、小型推土机墙高不得超过 1.5m。

154

（13）在电线杆附近推土时，应保持一定的土堆。土堆大小可根据电杆结构、掩埋深度和土质情况，由施工人员确定。土堆半径一般不应小于3m。

（14）施工现场若有爆破工程，爆破前，推土机应开到安全地带。爆破后，司机应亲自到现场察看，认为符合安全操作条件后，方可将机械开入施工现场。若认为有危险时，司机有权拒绝进入危险地段，并及时请示上级。

9.6 平地机

9.6.1 平地机概述

平地机（图9.6-1）是利用刮刀平整地面的土方机械。刮刀装在机械前后轮轴之间，能升降、倾斜、回转和外伸。动作灵活准确，操纵方便，平整场地有较高的精度，适用于构筑路基和路面、修筑边坡、开挖边沟，也可搅拌路面混合料、扫除积雪、推送散粒物料以及进行土路和碎石路的养护工作。

9.6.2 平地机检查要点

（1）各操作杆、制动踏板的行程符合说明书规定，动作灵活、准确。

（2）金属构件不得有弯曲、变形、开焊、裂纹；轴销安装可靠，各螺栓连接紧固。

（3）柴油机启动、加速性能良好，怠速平稳。

图9.6-1　平地机

9.6.3 平地机构成

平地机主要由发动机、传动系统、工作装置、电气部分、驾驶室和机罩等组成。

9.6.4 平地机安全操作注意事项

（1）启动发动机时间不得超过30s，如果需要再次启动必须把钥匙回转到关闭位置等待2min后再启动。

（2）在作业过程中如果有报警信号或者报警声音，必须停止工作，待修复排除问题后才能继续作业。

（3）发动机启动后，各仪表读数必须在允许的范围内，发动机运转不得操作冷启动开关，否则造成发动机严重损坏。

（4）驾驶平地机不得把脚放在离合器或者制动踏板上。起步、停车必须使用离合。

（5）行驶过程中应该把刮刀提高，并保持平地机宽度，确保转向时前轮不碰撞刮刀。

（6）发动机高速运转下，不得切换转入较低挡位，以免损坏变速器。

（7）转向时，或者用轴驱动轮转向时，不得锁止差速器。可以使前轮倾斜以减少平地机转向半径，但是在高速的时候不能够使用，以防止出现急剧的反作用力。转向后应该把前轮定在垂直的位置。

（8）在陡坡上作业时，不得使用铰接机架，以防止翻车，造成严重的人机伤害。在陡坡上来回作业时，刮刀伸出的方向应该始终朝向下坡方向。

（9）如果遇到紧急情况，采取驻车制动后，需经调整刹车制动后，方可再次使用驻车制动。

（10）平地机作业时，刮刀与机架中心线的夹角为$15°\sim75°$。

（11）左右侧平地的时候，侧摆转盘手柄使转盘与牵引架稍向机架左右偏置，在要求的切土深度把刮刀水平放置，前轮向左右倾斜，堆料在左右双驱动轮之外形成。

（12）一旦刮平操作开始，可以使用增减开关"坡度跟踪控制器"进行提升，这样可以使泥土被带出刮刀外。

（13）在"S"形弯道路肩上左右起点作业时，前轮需稍向左右倾斜，向左或向右打方向时，把刀尖定在左右前轮外侧后面，让刀尖处在接近边沟的路肩边缘上。

（14）高坡作业时，应该确保双轴驱动轮靠近坡脚，同时让转盘和刮刀尽可能朝向平地机工作的一边侧移。

（15）做路拱时，先将路料堆放在路中央，使平地机刮刀前倾成$60°\sim70°$角，稍提刀尾，平地机沿刮刀向两侧移动。

（16）维修道路作业时，应该确保转盘居中，刮刀与刀架中心线成$30°$角，刮刀后倾，可以使刮刀最大切削以清除隆起和坑槽，朝向路中央时，前轮向刀尾一侧倾斜。

9.7　压路机

9.7.1　压路机概述

压路机（图9.7-1）又称压土机，是一种修路的设备。压路机在工程机械中属于道路设备的范畴，广泛用于高等级公路、铁路、机场跑道、大坝、体育场等大型工程项目的填方压实作业，可以碾压沙性、半黏性及黏性土壤、路基稳定土及沥青混凝土路面层。压路机以机械本身的重力作用，适用于各种压实作业，使被碾压层产生永久变形而密实。压路机又分钢轮式和轮胎式两类。

9.7.2　压路机检查要点

（1）各操作杆、制动踏板的行程符合说明

图9.7-1　压路机（钢轮式）

书规定，动作灵活、准确。

（2）金属构件不得有弯曲、变形、开焊、裂纹；轴销安装可靠，各螺栓连接紧固。

（3）柴油机启动、加速性能良好，怠速平稳。

9.7.3 压路机分类

1. 按碾轮分类

碾轮构造有光碾、槽碾和羊足碾等。光碾应用最普遍，主要用于路面面层压实。采用机械或液压传动，能压实突起部分，压实平整度高，适用于沥青路面压实作业。

2. 按轮轴分类

按轮轴布置有单轴单轮、双轴双轮、双轴三轮和三轴三轮等四种。以内燃机为动力，采用机械传动或液压传动。一般前轮转向，机动性好，后轮驱动。为改善转向及碾压性能，宜采用铰接式转向结构和全轮驱动。前轮框架和机架铰接，以减少路面不平时的机身摆动。后轮和机架为刚性连接。采用液压操纵、用液压缸控制转向。前后碾轮均装有刮板以清除碾轮上粘结物。还装有喷水系统，用于压实沥青路面时，对碾轮洒水以防沥青混合料粘附。为增大作用力还可在碾轮内加装铁、砂、水等增大压重。

9.7.4 压路机安全操作注意事项

（1）作业时，压路机应先起步后才能起振，内燃机应先置于中速，然后再调至高速。

（2）变速与换向时应先停机，变速时应降低内燃机转速。

（3）严禁压路机在坚实的地面上进行振动。

（4）碾压松软路基时，应先在不振动的情况下碾压1～2遍，然后再振动碾压。

（5）碾压时，振动频率应保持一致。对可调整振动频率的振动压路机，应先调好振动频率后再作业，不得在没有起振情况下调整振动频率。

（6）换向离合器、起振离合器和制动器的调整，应在主离合器脱开后进行。

（7）上、下坡时，不能使用快速挡。在急转弯时，包括铰接式振动压路机在小转弯绕圈碾压时，严禁使用快速挡。

（8）压路机在高速行驶时不得进行振动。

（9）停机时应先停振，然后将换向机构置于中间位置，变速器置于空挡，最后拉起手制动操纵杆，内燃机怠速运转数分钟后熄火。

9.7.5 其他作业要求

其他作业要求应符合静压压路机的规定：

（1）无论是上坡还是下坡，沥青混合料底下一层必须清洁干燥，而且一定要喷洒沥青结合层，以避免混合料在碾压时滑移。

（2）无论是上坡碾压还是下坡碾压，压路机的驱动轮均应在后面。这样做有以下优点：上坡时，后面的驱动轮可以承受坡道及机器自身所提供的驱动力，同时前轮对路面进行初步压实，以承受驱动轮所产生的较大的剪切力；下坡时，压路机自重所产生的冲击力是靠驱动轮的制动来抵消的，只有经前轮碾压后的混合料才有支撑后驱动轮产生剪切力的能力。

（3）上坡碾压时，压路机起步、停止和加速都要平稳，避免速度过高或过低。

（4）上坡碾压前，应使混合料冷却到规定的低限温度，而后进行静力预压，待混合料温度降到下限（120℃）时，才采用振动压实。

（5）下坡碾压应避免突然变速和制动。

9.8 强夯机

9.8.1 强夯机概述

强夯机（图 9.8-1）是在建筑工程中对松土进行压实处理的机器，强夯机种类有很多，有蛙式、振动式、跃步式、打夯式、吊重锤击式，根据工程需要，选用不同类型的强夯机，如图 9.8-1 所示。

9.8.2 强夯机检查要点

（1）各操作杆、制动踏板的行程符合说明书规定，动作灵活、准确。

（2）门架、横梁、脱钩器不得有弯曲、变形、开焊、裂纹；轴销安装可靠，各螺栓连接紧固。

（3）钢丝绳是否有变形、断丝、断股等。

（4）作业范围内警戒，严禁无关人员进入。

9.8.3 强夯机构造

强夯机主要由门架、横梁、重锤、脱钩器及

图 9.8-1 强夯机

类似于履带起重机的部分。

9.8.4 强夯机安全操作注意事项

（1）担任强夯作业的主机，应按照强夯等级的要求经过计算选用。用履带起重机作主机的，应执行履带起重机的有关规定。

（2）夯机的作业场地应平整，门架底座与夯机着地部位应保持水平，当下沉超过100mm 时，应重新垫高。

（3）强夯机械的门架、横梁、脱钩器等主要结构和部件的材料及制作质量，应经过严格检查，对不符合设计要求的，不得使用。

（4）夯机在工作状态时，起重臂仰角应置于 70°。

（5）梯形门架支腿不得前后错位，门架支腿在未支稳垫实前，不得提锤。

（6）变换夯位后，应重新检查门架支腿，确认稳固可靠，然后再将锤提升 100～300mm，检查整机的稳定性，确认可靠后，方可作业。

（7）夯锤下落后，在吊钩尚未降至夯锤吊环附近前，操作人员不得提前下坑挂钩。从坑中提锤时，严禁挂钩人员站在锤上随锤提升。

（8）当夯锤通气孔在作业中出现堵塞时，应随时清理。但严禁在锤下进行清理。

（9）当夯坑内有积水或因黏土产生锤底吸附力增大时，应采取措施排除。

（10）转移夯点时，夯锤应由辅机协助转移，支腿离地面高度不得超过 500mm。

（11）作业后，应将夯锤下降，放实在地面上。在非作业时严禁将锤悬挂在空中。